世纪波
Century Wave

U0422850

滑动解锁

解锁技术基因　揭秘数字世界

帕斯·底特律（Parth Detroja）
[美] 阿迪蒂亚·阿加什（Aditya Agashe）◎著
尼尔·梅塔（Neel Mehta）
AI人工智能翻译组◎译

SWIPE TO UNLOCK

THE PRIMER ON TECHNOLOGY AND BUSINESS STRATEGY

電子工業出版社
Publishing House of Electronics Industry
北京 • BEIJING

Swipe to Unlock: The Primer on Technology and Business Strategy by Parth Detroja, Aditya Agashe and Neel Mehta
ISBN-13: 978-1976182198

版权贸易合同登记号 图字：01-2019-3417

图书在版编目（CIP）数据

滑动解锁：解锁技术基因　揭秘数字世界 /（美）帕斯·底特律（Parth Detroja），（美）阿迪蒂亚·阿加什（Aditya Agashe），（美）尼尔·梅塔（Neel Mehta）著；AI 人工智能翻译组译 . —北京：电子工业出版社，2019.8

书名原文：Swipe to Unlock: The Primer on Technology and Business Strategy

ISBN 978-7-121-37016-8

Ⅰ. ①滑… Ⅱ. ①帕… ②阿… ③尼… ④ A… Ⅲ. ①科学技术－普及读物 Ⅳ. ① N49

中国版本图书馆 CIP 数据核字 (2019) 第 132314 号

责任编辑：付豫波
印　　刷：三河市鑫金马印装有限公司
装　　订：三河市鑫金马印装有限公司
出版发行：电子工业出版社
　　　　　北京市海淀区万寿路 173 信箱　　邮编 100036
开　　本：720×1000　1/16　印张：16.5　字数：252 千字
版　　次：2019 年 8 月第 1 版
印　　次：2019 年 8 月第 1 次印刷
定　　价：69.00 元

凡所购买电子工业出版社图书有缺损问题，请向购买书店调换。若书店售缺，请与本社发行部联系，联系及邮购电话：（010）88254888，88258888。

质量投诉请发邮件至 zlts@phei.com.cn，盗版侵权举报请发邮件至 dbqq@phei.com.cn。

本书咨询联系方式：（010）88254199，sjb@phei.com.cn。

前言
Preface

当你长大后，你往往会被告知世界是怎样的。你的生活就是在这个世界围城中过你的日子，尽量不要过多地撞墙，努力拥有一个美好的家庭，玩得开心，存点钱。但那是非常有限的生活。一旦你发现了一个简单的事实，生活就会变得更加广阔，那就是你所了解的生活中的每件事都是由那些没有你聪明的人在做的。你其实可以改变生活，可以影响生活，可以创建你自己的东西，并将它们提供给其他人使用……这也许是最重要的。之所以这么说，是希望你摆脱这样一种错误的观念，即生活就在那里，你将生活在其中，而不是拥抱它，改变它，改进它，并在其中留下你的印记……一旦你明白了这个道理，你就不再是原来的你了。

——史蒂夫·乔布斯

（顺便说一句，他从未为苹果公司写过任何代码）

对人们来说，无论你的职业是什么，了解技术在当今世界是必不可少的。医生在用人工智能来诊断病情，农民在用无纺布使谷物更好地生长，商人也认识到世界上最大的公司从之前的石油公司和电器公司，变成了现在像苹果公司、亚马逊公司、脸书公司、谷歌公司、微软公司这样的科技公司。

那么你要如何了解技术呢？

要了解技术人员谈论的大量概念，如App、编程、Web、AI、大数据、云计算、虚拟现实等，你常常感觉自己必须是一名专业技术人员。而且，你经常会觉得必须拥有MBA学位，才能了解每天铺天盖地的科技新闻：初创企业、收购、App发布、商业模式创新……

其实无论人们的背景如何，人人都能了解技术。我们认为最重要的技术话题——从互联网的具体细节到脸书公司和优步公司的商业策略，都可以用简单明了的语言来解释。

写作本书的初衷

在我们开始本书内容之前，让我们自我介绍一下。我们三个人是在微软公司工作时认识的，我们在闲聊中很快意识到，在使非技术专家能够了解技术世界方面，硅谷的公司做得很差。我们相信每个人都能而且应该了解技术的基本原理，我们对帮助实现这一目标充满热情。这就是我们写作《滑动解锁》的初衷。

写作本书的目标

本书是了解当今热门技术和商业策略的入门读物。在本书中，我们将使用真实世界的例子来解释驱动了当今技术发展的软件、硬件及商业策略，并为你提供工具来了解、分析、采用当今技术。

《滑动解锁》中的每个章节都是一个真实的案例。我们首先提出了一个你自己可能也有过的问题，例如，Spotify是如何推荐歌曲的，无人驾驶汽车是如何工作的，为什么亚马逊即使赔钱也要提供免费Prime会员送货服务，等等。

在每个章节中，我们除了解释像大数据和机器学习这样的技术概念，还会说明公司使用这些技术的商业原因。我们将利用自己在大大小小的科技公司担任产品经理的经验，让你深入了解科技世界是如何运作的。

写作本书的目标，是希望你通过阅读和学习，能够像技术专家一样思考。每当在工作或生活中碰到一个技术话题时，你能够马上想到这个技术是如何工作的；它为什么会如此应用；它是如何赚钱的；它有可能成功还是失败。虽然不断有新的 App 发布或有新的公司创立，也不断有 App 下线或有公司倒闭，我们希望你在本书中学到的核心技术和概念在未来很长一段时间里对你是有用的。

本书为谁而写

无论你的技术背景如何，你都可以阅读本书。无论你是偶然面对技术问题的旁观者，还是面临技术应用的企业领导者，我们认为你都会从书中发现一些有用和有趣的内容。

- 如果你没有编程背景，但想在科技公司的产品管理、业务开发、营销或其他非工程技术领域工作，那么你必须能够向团队成员和客户解释人工智能、云计算和大数据等技术概念。为了制定公司的商业策略，你还必须知道哪些商业策略在过去成功或不成功，以及为什么成功。《滑动解锁》中的案例研究以及通俗易懂的技术概念解释，能够帮助你实现以上目标。

- 如果你是一名软件工程师，想要从事产品管理、产品经理的工作，我们会教你商业方面的知识，如广告、盈利、收购等。

- 如果你是一位企业家或技术领导者，你肯定知道仅仅打造一款伟大的产品是不够的。我们将使用真实的案例研究帮助你建立对技术的了解和对商业策略的敏锐直觉，这样你就能弄清楚如何让你的公司繁荣昌盛，并与投资者和技术人员进行有效的对话。

- 如果你是一名科技和商业专业的学生，《滑动解锁》中的案例将会与你的课程非常匹配。你将了解到是什么让亚马逊这样的公司获得成功，为什么黑莓手机这样的产品会失败，你还将了解科技公司是如何应对科技政策、技术颠覆和新兴市场的。

- 如果你是非技术行业人士，你的公司也有可能利用技术来保持领先优势。预测分析、软件即服务、A/B 测试等，你将了解这些热门技术，以及非技术公司是如何使用这些技术来发展业务的。

- 最后，即使你在目前的职业生涯中不需要了解技术，你仍然每天都在使用它——你的口袋里可能现在就有采用一种先进技术的产品。我们将通过类比和简单的语言来解释你每天使用的技术是如何工作的，从而帮助你成为一个更有见识的数字公民。我们还将讨论你可能在新闻中听到的主题，如网络中立性、隐私和技术监管等。我们甚至会带你看看科技的黑暗面：假新闻、数据泄露、数字违禁品走私和机器人对就业的威胁等。

无论你为什么阅读《滑动解锁》，我们认为你会发现很多有价值的见解和想法，你会学会如何像个技术专家那样思考和说话！

在我们开始之前，让我们先来看看你将会读到哪些内容。

本书的主要内容

本书分成三个部分。第一部分包括第 1~4 章，分解了技术的基本原理：软件是如何构建的，互联网是如何工作的，以及一些流行 App 的商业模式。第二部分包括第 5~8 章，介绍了技术世界的主要组件：大数据、云计算、安全等。第三部分包括第 9~12 章，在前两大部分的基础上，介绍、分析、预测技术的发展趋势，包括商业战略、新兴市场、技术政策及未来技术等。

本书的每章都建立在前一章的基础上，你如果对新技术还不熟悉，我们建议你顺序阅读《滑动解锁》。你如果对技术有一些了解，则可以随意跳到任何你感兴趣的主题阅读。你如果已经学习了必要的概念，可以独立阅读每个案例。

除了以上三个部分，我们还在书后提供了术语表，其中包含了我们在技术行业工作时遇到的最重要的术语，例如编程语言、商业术语、常见的软件工程工具等方面的术语。我们认为它会帮助你像一个技术专家一样说话，对你今后的职业发展是一个有用的参考资料。

我们是谁

当我们三个人第一次见面时，我们就谈到，硅谷给人开放和精英的印象，但实际上对非专业人士来说，他们很难了解硅谷那些技术公司到底是干什么的，更不用说进入科技公司就业了。但我们对帮助人们了解技术的基本原理充满热情。

我们三个人都在大型科技公司担任产品经理，但我们的工作经历很不一样。帕斯有商业和营销部门的工作经验，阿迪蒂亚来自初创企业，尼尔曾在公共和非营利部门工作。我们希望我们所结合的观点和见解对你有用。

这里有更多关于我们的信息。

帕斯 · 底特律是脸书公司的产品经理。他曾在微软公司、亚马逊公司和IBM 公司担任产品经理和营销人员。他以优异成绩毕业于康奈尔大学。

阿迪蒂亚 · 阿加什是微软公司的产品经理。此前，他是 Belle Application 公司的创始人兼 CEO。他以优异成绩毕业于康奈尔大学。

尼尔 · 梅塔是谷歌公司的产品经理。他曾在微软公司、可汗学院（Khan

Academy）和美国人口普查局工作，并在那里完成了联邦政府第一个全额资助的科技实习项目。他以优异成绩从哈佛大学毕业。

特别给求职者的话

如果你正在寻找一家科技公司的非技术类职位，我们有一些建议和资源给你。

首先，请记住，我们将在《滑动解锁》中回答的问题并不是为模拟真实的面试问题而设计的，但它们将为你提供技术和商业方面的洞见，让你在面试时脱颖而出。

例如，在本书里，我们介绍了谷歌公司如何决定向用户显示什么广告，以及微软公司为何收购领英。尽管面试官可能不直接问你这样的问题，但他们可能问你针对某个特定人群如何增加广告收入，或者如何改进微软公司企业级产品的性能等。在这种情况下，我们在书中提供的真实案例，就可以帮助你具有洞见地回答这些问题，凸显你具备行业知识的深度。

换句话说，《滑动解锁》的目的主要是训练你像技术专家一样思考，而不是教你如何面试。单凭面试问题题库无法帮助你对科技行业进行战略性思考，也无法让你熟练掌握科技概念，但我们认为《滑动解锁》可以。

要了解更多关于准备面试、制作简历、建立人际关系和选择工作的策略和建议，请登录本书网站 www.swipetounlock.com/resources.com，在那里我们分享了一些有用书籍和文章的链接。

最后，感谢你阅读本书！无论你的个人、学术或职业目标是什么，我们都希望《滑动解锁》对你有用。再次感谢你阅读《滑动解锁》，我们希望你喜欢它。祝你阅读愉快！

感谢黛博拉·斯特里特教授相信我的愿景，这使这本书成为可能。

——帕斯

感谢我的家人和朋友支持我对商业的热情，帮助我克服对创业的恐惧。

——阿迪蒂亚

感谢我的朋友和家人，无论我的梦想有多疯狂，你们都支持我。感谢我的朋友和家人永远支持我。

——尼尔

目录
Contents

第 1 章 软件开发

第 2 章 操作系统

第 3 章 App 经济学

第4章 互联网

第5章 云计算

第6章 大数据

第7章 黑客和安全

第 8 章 硬件和机器人

第 9 章 商业动机

第 10 章 新兴市场

第 11 章 技术政策

第 12 章 未来趋势

术语表

结论

第 1 章

软件开发

让我们从每天使用的 App 入手，探索身处的技术世界。奈飞[1]和微软 Excel 带给我们的感觉非常不同，但它们都是由相同的基础模块所构成的。事实上，所有 App 都是由这些相同的基础模块所构成的。想知道这些基础模块是什么吗？你不妨继续读下去。

1 奈飞（Netflix）是一家提供在线流媒体点播，以及DVD、蓝光光碟在线出租业务的网站。

谷歌搜索是如何工作的？

每当你用谷歌搜索时，搜索引擎会在互联网上梳理超过30万亿个网页，然后为你的问题提供前10个结果的链接。在92%的情况下，你会点击第1个页面中前10个结果中的1个。在30万亿个的网页中找出与你的问题最相关的10个网页，这真的很难，这就像要求你在纽约的街头找到不知什么时候丢的1枚1分钱硬币一样。然而，谷歌搜索引擎在平均半秒内就能熟练地完成这项工作。那么，谷歌搜索引擎是如何做到的呢？

实际上，谷歌搜索引擎并不是在你每次问它问题的时候访问互联网上的每个网页。谷歌搜索引擎将关于网页的信息存储在数据库中（类似Excel中的信息表），然后使用读取这些数据库的算法来决定向你显示什么。算法是对一系列操作指令的简称。例如，人们可能用一种“算法”来制作花生酱三明治，而谷歌搜索则用一种算法根据你在搜索栏中输入的内容来查找网页。

抓取

谷歌算法的逻辑是，首先，建立一个包含了互联网上所有网页信息的数据库。为建立这个数据库，谷歌使用被称为“网页蜘蛛”（也被称为“网络爬虫”）的程序在网页上“爬行”，直到“网页蜘蛛”“爬过”所有网页（或者至少是谷歌所认为的所有网页）。“网页蜘蛛”从谷歌选择的几个网页开始爬行，并且将这几个网页添加到谷歌的网页列表中，这被称为“索引”。然后，“网页蜘蛛”跟踪这些网页上包含的所有链接，找到一组新的网页，再将这组网页添加到索引中。“网络爬虫”不断跟踪新的网页上的所有链接，以此类推，直到它找不到新的网页为止。

这个过程一直都在进行。谷歌不断在索引中添加新网页，或者在网页发生变化时更新网页。这个索引数据库非常庞大，有超过1亿GB的数据量。你如果想把这些数据存储在容量为1 024GB的外置硬盘上，将需要10万块外置硬盘。如果把这些硬盘摞起来，大约会有1 600米高。

关键词搜索

所谓关键词搜索，就是当你使用谷歌搜索时，搜索引擎获取你要查询的关键词（你在搜索栏中键入的文本），然后从索引中为你查找出最相关的网页。

谷歌搜索具体会怎么做呢？最简单的方法是，查找关键词在哪里出现，就像按“Ctrl+F”或“Cmd+F”（对应苹果公司的Mac系列电脑）组合键从一个巨大的Word文档中查找某个单词一样。事实上，20世纪90年代的搜索引擎就是这样工作的，它们会在索引中搜索你要查询的关键词，并且显示那些出现关键词最多的网页。这些网页被称为具有关键词密度的网页。

但是这种做法很容易导致荒唐的搜索结果。例如，在搜索“糖果士力架”时，你可以想象到士力架官方网站“snickers.com”应是被列在第一位的搜索结果。但是，如果搜索引擎只是计算“士力架士力架士力架士力架”出现在网页上的次数，那么任何人都可以创建一个只显示“士力架”的网站，然后，该网站在搜索结果中的排名就蹿到了顶部。显然，这种简单的关键词密度搜索的方法是不可行的。

网页排名

谷歌搜索引擎的核心创新技术并不是关键词密度搜索，而是一种名为“网页排名”的算法，它的创始人拉里·佩奇和谢尔盖·布林在1998年的博士论文中发表了他们所创建的这个算法。佩奇和布林注意到，可以通过查看链接到一个网页的重要网页来评估这个网页的重要性。就像在派对上，当某个人的周围都是很受欢迎的人，你可以断定这个人也很受欢迎。网页排名系统根据链接到该网页的其他网页的网页排名评分给每个网页打分，而这些网页的得分取决于链接到它们的网页，以此类推。这是用线性代数来计算的。

例如，如果我们做一个关于亚伯拉罕·林肯的新网页，最初，这个网页的网页排名很靠后。如果某个不知名的博客给我们的网页添加了链接，我们网页的网页排名就会得到小幅提升。网页排名更关注的是链接的质量而不是数量，因此，即使有几十个不知名的博客链接到我们的网页，我们网页的排名也不会得到太多的提升。但是如果《纽约时报》的一篇文章（其网页排名可能很高）链接到我们的网页，我们网页的网页排名将获得巨大提升。

一旦谷歌搜索引擎在索引中找到了所有提到你搜索信息的网页，它将使用几个标准对它们进行排序，其中包括前面提到过的网页排名。谷歌还有很多其他排序标准：它会考虑网页最近的更新时间；忽略看起来像垃圾网站的网站，如我们在前面提到的只显示“士力架士力架士力架士力架”的网站；考虑你所在的位置，例如，如果你在美国搜索“Football”，谷歌会返回美国职业橄榄球大联盟，但如果在英国搜索，谷歌返回的则是英超联赛。

与谷歌“斗智斗勇”

然而，网页排名也有缺陷。为了提高网页排名，垃圾网站的制造者会创建包含大量不相关链接的所谓的“链接农场”，就像垃圾网站滥用关键词密度（与“士力架士力架士力架士力架”网站类似）一样。如果某个网站的所有者想要提高网页排名，可以付钱给链接农场，让链接农场包含他们网页的链接，这将人为地提高其网页的网页排名。不过，谷歌如今在捕捉和过滤链接农场方面已经做得相当好了。

还有一些更主流的与谷歌博弈的方式。为了帮助网站的所有者破解谷歌的搜索算法，并且确保他们的网站出现在谷歌搜索结果的靠前位置，一个名为搜索引擎优化（简称 SEO）的行业应运而生。SEO 最基本的形式是，让更多的网页链接到你的网页。SEO 的技术含量更高。例如，它可在网页“名称”标签和“标题”标签中放入适当的关键词，或者让站点的所有网页相互链接。

不过，谷歌公司的搜索算法也一直在变化。据悉，谷歌公司每年都会推出 500 次以上的小更新。偶尔还有重大更新。在每次更新之后，SEO 专家都会想方设法利用算法的变化来重新取得“先手”。例如，谷歌公司在 2018 年改变了算法，转而青睐那些在移动设备上更快加载的网站，这使得 SEO 的专家们都转而建议网站所有者使用名为“移动网页加速”（简称 AMP）的谷歌工具制作精简版的网页内容，以提升网页排名。

Spotify是如何向你推荐歌曲的？

Spotify 是一个正版流媒体音乐服务平台。每周一的早上，Spotify 都会向其用户发送一个包含 30 首歌曲的播放列表，这些歌曲几乎神奇地符合每个用户的品味。这个名为“每周新发现”的播放列表一经发布就大受欢迎。自 2015 年 6 月发布“每周新发现”以来的 6 个月内，Spotify 的访问量就超过了 17 亿次。不过，Spotify 是如何如此深入地了解其 2 亿多用户的呢？

Spotify 确实聘请了音乐专家来手工管理公共的播放推荐列表，但专家们不可能为 Spotify 的 2 亿多用户都做到定制化的歌曲推荐。Spotify 转而采用了一种命名为“每周新发现”的算法来达到为每个用户定制化推荐歌曲的目的。

“每周新发现”的算法通过查看两条基本信息来开始运作。首先，它会查看所有你听过并标记“喜欢”的歌曲，并且将其添加到你的曲库中。如果你在播放一首歌时，听了不到 30 秒就选择跳过，它甚至聪明到知道你可能不喜欢这首歌。其次，它会查看所有人制作的播放列表，并且假设每个播放列表都与某种主题关联。例如，你可能有一个叫“正在播放”的播放列表，或者一个叫“披头士乐队”的播放列表。

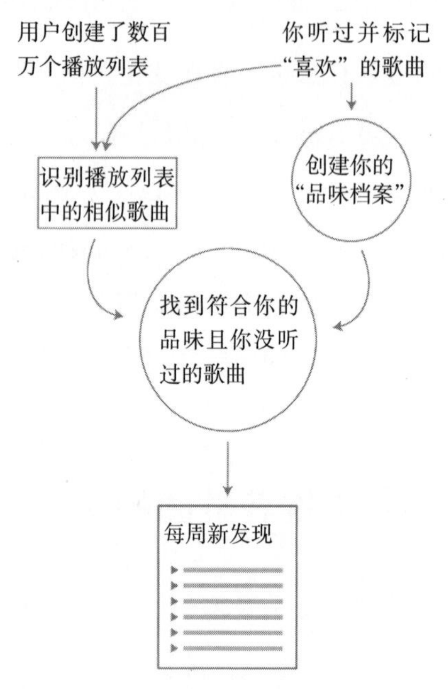

Spotify 自动为你推荐歌曲的算法。来源：石英

Spotify 一旦有了这些数据，就会使用两种方法来“想出”你可能喜欢的歌曲。第一种方法是，比较两个数据集，找出与你喜欢的歌曲类型相关但尚不在你的播放列表中的歌曲。例如，假设有人制作了一个播放列表，列表中有 8 首歌，其中有 7 首都出现在你的曲库中。这说明你很可能喜欢这种类型的歌曲，所以“每周新发现”就会向你推荐那首尚不在你曲库中的歌曲。

这种技术被称为“协同过滤”。亚马逊使用这种技术以根据你的购买历史和其他数百万用户的购买情况来推荐你可能喜欢的商品。奈飞的电影推荐、

YouTube[1] 的视频推荐和脸书[2] 的好友推荐都使用了协同过滤。

随着 Spotify 的用户数不断增加，协同过滤变得越来越有效，即 Spotify 的用户越多，算法就越容易找到与某个特定的用户有相似品味的，从而更容易推荐符合用户品味歌曲。但随着用户基数的增长，这些算法也会由于计算量急剧增大而变得效率低下。

Spotify 用来制作你的“每周新发现”播放列表的第二种方法是，创建你的“品味档案”。Spotify 会根据你听过和喜欢的歌曲来确定你喜欢的音乐类型（如独立摇滚或 R&B）和细分类别（如室内流行音乐或新美式音乐）的歌曲，并且向你推荐这一类型的歌曲。这是根据用户过去的收听模式来推荐歌曲策略的一种不同形式。

为什么要投资音乐推荐?

然而，雇用工程师来构建这个推荐引擎是非常昂贵的。据我们所知，Spotify 的工程师每年的收入是数十万美元。既然成本这么高，Spotify 为什么还要这么做呢?

第一个原因是，一个优秀的推荐系统本身就是一个卖点，它帮助 Spotify 从 Apple Music 等竞争对手中脱颖而出。毕竟，仅仅有一个巨大的音乐库显然是不够的。从商业角度来说，音乐也是一种商品。不管是在 Spotify、Apple Music 还是其他 App 上听音乐，同一首歌听起来并没有本质的区别。也就是说，任何有足够资金的人都可以为用户创建一个巨大音乐库。

因此，如果所有的音乐流媒体服务商都能有效地提供相同的音乐选择，Spotify 就需要具有某种特质以使自己区别于竞争对手。Spotify 的推荐系统就

1　YouTube是一个视频网站。用户可在该网站上下载、观看及分享影片或短片。

2　脸书（Facebook）是一个提供社交网络服务的网站。

是它的特质，Spotify 因为它的推荐系统被广泛认为比 Apple Music 做得更好。

随着 Spotify 用户数量的增加，协同过滤的效果也越来越好，已经拥有大量用户的 Spotify 从而可以继续保持其领先地位。

第二个原因是，个性化的推荐使得用户更有可能持续使用 Spotify。你使用 Spotify 的次数越多，算法就越了解你的品味，因此它们就能更好地向你推荐歌曲。所以，如果你经常使用 Spotify，你得到的推荐就会越来越到位，如果你选择使用根本不“懂”你的 Apple Music，你恐怕会错失很多你喜欢的歌曲。因此，这种高“转换成本”使你不太可能轻易放弃正在使用的 Spotify。

更普遍的情况是，你在 App 中输入的任何个人数据，如制作 Spotify 播放列表，都会增加你转换使用其他 App 的成本，因为你必须在自己换用任何新 App 前重新创建这些数据。

简而言之，个性化的播放列表非常符合用户的品味，这是 Spotify 明智的商业举措。难怪越来越多的 App 都开始提供个性化的推荐。

脸书是如何在你搜索新闻时决定你看到的新闻内容的？

每天有超过 10 亿人浏览他们的脸书“动态消息”，而美国人花在脸书上的时间几乎和他们与他人面对面交流的时间一样多。因为脸书吸引了如此多的眼球，动态消息自然具有巨大的威力。动态消息可以影响我们的情绪，引导我们的判断，甚至影响我们将选票投给谁。简单地说，动态消息中的内容很重要。那么，脸书是如何决定在你的动态消息中显示什么内容的呢？

更具体地说，脸书是如何将你每天收到的数百（或数千）条信息进行分类的呢？像谷歌一样，它使用一种算法来找出什么是最重要的。这种算法涉及大约 10 万个个性化因素，但我们将重点关注四个关键因素。

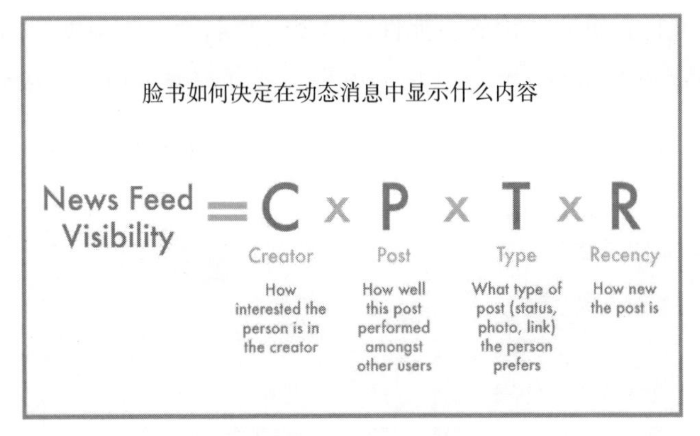

脸书动态消息算法的简单说明。来源：TechCrunch

第一个因素是发布人。脸书会更多地向你展示与你互动过的人发表的帖子，如向你发过更多信息的人或向你加过更多标签的人，并且假定你更有可能点赞或评论他们未来发表的帖子。

第二个因素是帖子的质量。一个帖子被越多的人关注（如点赞或评论），脸书就会认为它质量越高，它就越有可能出现在你的动态消息的顶部。

第三个因素是帖子的类型。脸书会找出你经常点赞或评论哪些类型（视频、文章、照片等）的帖子互动，并且更多地向你展示相关类型的帖子。

第四个因素是帖子的发布时间。这一点很好理解，即新帖子的排名更高。

不过，还有很多其他的影响因素。例如，《时代周刊》就发现了一些。

> 在网络速度较慢的环境下使用脸书时，你可能收到的视频类推送较少。评论中的“祝贺”字样，意味着这个帖子可能是关于人生中的一件大事，所以它的排名会得到提升。在阅读完一个帖子后再点赞比阅读前点赞表明了一个更强烈的积极信号，因为这意味着你可能阅读了这个帖子并确实喜欢它。

正如你所知道的，脸书真的是在努力并最大限度地提高你对动态消息中推送的帖子进行点赞或评论的可能性，这是一种名为“参与度”的衡量标准。毕竟，你越喜欢你的动态消息，你就会往下滚动观看得越多，你往下滚动得越多，你就会看到越多的广告。当然，广告是脸书赚钱的主要方式。

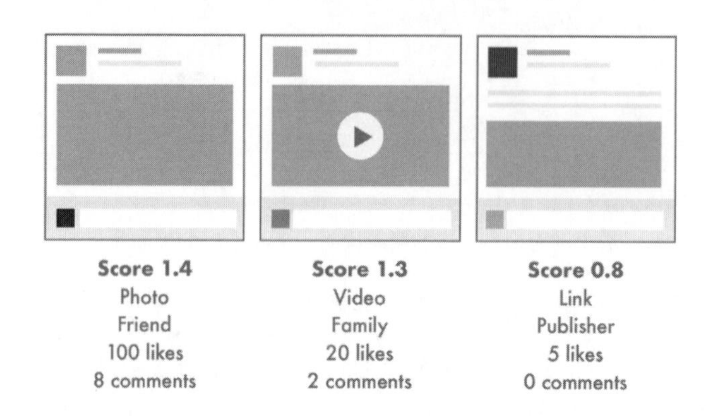

这是一个脸书如何对帖子进行排序并决定你的动态消息内容的例子。来源：TechCrunch

这个算法还“训练”用户采取有助于脸书的行动。每个人都希望自己的帖子出现在朋友的动态消息上，而且由于脸书会提高新发布的或收到更多点赞、评论的帖子排序评分，这使得用户更有动力发布或评论帖子。脸书上的帖子获得越多的分享，意味着脸书有可能插入越多的广告。

假新闻泛滥

脸书推送动态消息所用的算法是非常强大的，但危险的是，这种算法很容易被黑客利用。如果没有专人监督，这种算法可能给我们带来意想不到的假新闻泛滥的问题。

一个著名的例子是，假新闻曾在2016年美国总统大选期间席卷了脸书。我们不妨回忆一下，动态消息的算法其实并不考虑帖子的真实性和发布者的信誉度，它只关注帖子是否吸引尽可能多的用户浏览互动。假新闻制造者正是利用这一点来攻击他们不喜欢的政客，通过在脸书上发布耸人听闻且明显虚假的文章。这些文章吸引了许多点击和评论，而脸书的动态消息算法将这些假新闻推到了许多人动态消息中的首位。

脸书后来对其动态消息的算法进行了修改，试图限制假新闻的传播。2018 年，脸书宣布将改变其动态消息算法，专注于“有意义的社交互动”，这意味着它将着重推送你好友的更新帖子，而不仅仅向你提供广义的新消息。不过，正如脸书承认的那样，衡量“有意义的社交互动”远比仅仅衡量文章的点赞数和点击量更困难。

脸书也一直试图通过人工的方式来弥补其动态消息算法中的缺陷。讽刺的是，算法的设计初衷就是减少人们的工作量，但脸书承认算法并不完美。例如，脸书推出了一些功能，可以让用户标记假新闻，同时雇用特定人员不断滚动翻看自己的动态消息，并且向设计动态消息算法的工程师提供反馈。（没错，你可以通过浏览脸书赚取酬劳。）

算法不是主宰世界的魔咒，它们只是一组由软件工程师编写的复杂的规则，以便让计算机完成特定的任务。正如脸书所带给我们的启示，机器无法完全代替人，有时机器和人仍需通力合作。

优步、Yelp和*Pokémon Go*都有哪些共同的技术？

假设你想制作类似谷歌地图的数字地图，我们来看看你需要做哪些工作。你需要跟踪地球上的每条道路、每座建筑、每座城市和每条海岸线。也许，你还需要像谷歌公司在制作谷歌地图时所做的那样，找一大批司机驾车在世界各地行驶并拍照和测量。对了，你可能还需要做一个带有平移和缩放等功能的界面，设计一个算法来确定两点之间的行驶路线。

老实说，要做一个谷歌地图那样的数字地图是非常困难的，甚至苹果地图也因为没有达到谷歌地图的质量标准而被诟病。

因此，当优步和 Yelp[1] 等 App 需要嵌入地图以显示汽车的位置或附近的餐馆，*Pokémon Go*[2] 里需要嵌入地图以帮助玩家找到 Pokémon 时，App 的开发者可不想花费数十亿美元和数千小时的工时来构建自己的地图。如果你曾经使用过这些 App，你可能就明白它们的开发者是怎么做的了。

是的，他们直接在自己的 App 中嵌入了谷歌地图。要搜索餐馆吗？ Yelp 会以你的位置为中心在谷歌地图上放置一个大头针。想打车去市中心吗？优步会在谷歌地图上绘制你要途经的路线，并且计算到达那里的大概时间。

谷歌公司允许 App 的开发者在其 App 中加入一小段代码来使用谷歌地图。谷歌公司还提供了一些其他代码片段，可以让你在地图上绘制、计算地图上各个点之间的行车路线，甚至还可以标出特定道路的限速。所有这些代码的使用都很便宜，有的甚至是免费的。这对于开发人员来说是天大的好事。他们可以使用谷歌公司多年积累的技术进行开发，并且只需要编写少量代码就可以使功能完美实现。毕竟，在汽车满地跑的时代，没有必要再重新发明轮子！

这些允许开发者借用其他 App 的功能或数据的代码片段被称为 API，或者被称为应用程序编程接口。简单地说，API 允许多个应用程序彼此通信。接下来，让我们看看三种主要的 API。

三种 API 的类型

- 第一种 API，我们称为“功能 API”。这种 API 可以让一个 App 请求另一个专门的 App 来解决特定的问题。例如，请求另一个功能 App 来计算行车路线、发送短信或翻译句子。这就像你可以打电话给管道工来

1 Yelp是著名商户点评网站，它囊括各地餐馆、购物中心、酒店、旅游等领域的商户，用户可以在Yelp上给商户打分，提交评论，交流购物体验等。

2 *Pokémon Go*是一款采用增强现实（AR）技术的宠物养成对战类RPG手游。

解决你家里的下水道问题，而无须非要自己动手一样。App的开发者可以使用各种功能API。例如，编写发送电子邮件或短信的代码是一件痛苦的事情，所以如果一个App需要这个功能，App的开发者会直接使用专门完成这些功能的API，而不用自己编写代码。同样，处理信用卡支付也是非常复杂的，所以优步将支付环节外包给了PayPal[1]的Braintree API，优步只需编写几行代码调用该API，就可以使用PayPal的信用卡处理算法实现自己的信用卡支付功能。

- 第二种API，我们称为“数据API”。这种API可以让一个App请求另一个App来提供一些有趣的信息，如体育比赛的比分、最新的推文或今天的天气。这就像给酒店的前台打个电话，以了解他们推荐哪些博物馆和餐厅一样。例如，ESPN[2]提供了一个API，可以让你获得每支美国大联盟球队的比赛名单和每场比赛的比分。纽约的地铁系统也有自己的API，可以让你跟踪列车的位置，并且知道下一班列车的进站时间。甚至有一个API还可以提供随机的猫咪图像。
- 第三种API，我们称为“硬件API”。这种API允许开发人员访问硬件设备本身的功能。Instagram[3]可利用手机的摄像头API进行缩放、对焦和拍照。谷歌地图使用手机的地理定位API来确定你所在的位置。现在的智能手机都内置了加速度传感器和陀螺仪传感器，健身App可以用它们来确定你行走或跑步的方向和速度。

需要提醒大家注意的是，API并不完美。使用API可以让App的开发人员工作得更轻松，但也可能使他们的App过度依赖于API。如果发送邮件的API发生故障，那么所有使用它的App将无法发送电子邮件。如果谷歌公司

1 PayPal是一种支付工具，能够轻松完成跨境收付款。

2 ESPN是一个专门播放体育节目的有线电视频道。

3 Instagram是一款社交软件，可通过快速、美妙和有趣的方式将你随时抓拍的图片进行分享。

决定推出自己的打车服务，理论上，它可以限制优步使用谷歌地图 API，以削弱优步公司的竞争力。当然，优步公司如果愿意花大代价来建立自己的地图服务，就不会受谷歌公司的摆布。

尽管存在潜在的商业风险，但是使用专业公司的 API 比自己构建完整的功能更容易、更可靠，而且通常也更便宜。

所有这些都让我们回到了本节的主题，即优步、Yelp 和 *Pokémon Go* 都有哪些共同的技术？毫无疑问，它们都使用 API，也就是谷歌地图 API，以避免重复的工作。实际上，API 是几乎所有 App 的核心组成部分。

为什么Tinder让你用脸书账号创建Tinder账号？

Tinder 是一款交友 App，进入界面后，在 App 推给你的匹配网友照片上，向左滑表示略过，向右滑表示匿名喜欢此人。

如果你曾经使用过 Tinder 这款交友 App，你会注意到，Tinder 会让你通过一键登录你的脸书账号来建立 Tinder 账号。一旦你的 Tinder 账号关联了你的脸书账号，Tinder 就会导入你的个人资料，包括你的头像、年龄、好友列表，以及你喜欢的脸书页面等。可能你已经猜到了，这是通过脸书提供的 API 实现的。通过这个一键登录 API，任何 App 都可以让用户通过链接他们的脸书个人资料来创建当前 App 的账号。

Tinder 为什么要使用这个 API 呢？第一，用户的一些基本信息可以从脸书导入，这样就确保了个人资料的完整性，因为没有人会喜欢无头像、无个人信息的配对网友。第二，要求用户使用脸书账号登录可以帮助 Tinder 阻止机器人和虚假账号，因为脸书已经做了很多类似工作来关闭这些账号。第三，这有助于 Tinder 帮用户找到更匹配的朋友。通过收集你的好友列表，Tinder

可以向你展示，在每次潜在的配对中，你们有多少共同的朋友，这种联系感会鼓励人们多滑几次。最后，通过获取所有用户的脸书个人资料，Tinder可以深入了解其用户群，如他们的年龄、居住地或兴趣所在。这些大数据可以帮助Tinder调整其App的设计或广告策略。

使用脸书账号注册对Tinder用户也有好处。毕竟，大部分个人基本信息和照片都能从脸书中导入,用户可以更快地完善Tinder的个人资料。试想一下，如果系统为你匹配的对象都具有足够完整的个人资料，并且没有机器人或水军，这自然就会改善你的使用体验。另外，使用脸书账号注册也意味着用户不需要记住另一个登录Tinder的用户名和密码。

为什么脸书公司会发布这个一键登录API，让用户使用脸书的账号登录其他网站？这并不难理解。当你使用脸书的一键登录API注册Tinder时，脸书公司就会知道你是Tinder的用户。当你使用脸书账号登录其他网站时，脸书公司也会获得类似的数据。脸书可以利用这些数据更有效地针对你投放定向广告，例如，向Tinder用户展示更多与约会相关的广告。

在脸书上向左滑动

2018年，Tinder宣布，如果用户愿意，他们将被允许用自己的电话号码，而不是用脸书账号注册Tinder。这又是为什么呢？

这可以用一个词来表述，即竞争。2018年，脸书公司发布了一项新的约会服务，这被广泛认为是Tinder的竞争对手，Tinder母公司的股价一夜之间暴跌了20%。Tinder可能担心脸书公司会切断其API的访问权限，因此希望开始建立一种新的登录方式，而不必受制于脸书公司。

正如本节所展示的那样，发布API是公司获取数据和使用数据的一种极好的方式，使用API可以帮助App的开发者节省开发时间并提供更好的功能，但它并非没有风险。使用别人的 API 是一把双刃剑。

为什么《华盛顿邮报》的文章标题都有两个版本？

下面展示的是《华盛顿邮报》所推送的同一篇文章的两个截屏。你注意到两者有什么差异了吗？答案是，标题略有不同！

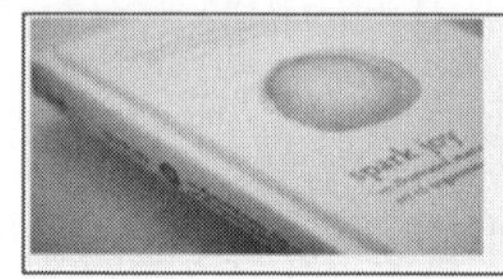

《华盛顿邮报》向人们展示了一篇文章不同版本的标题。来源 :《华盛顿邮报》

2016 年,《华盛顿邮报》推出了一项功能，允许文章的作者为每篇文章命名两个不同的标题。但这是为什么呢?

实际上，这项功能是为了尽可能多地增加文章点击量而进行的一项实验。这项实验自动向一组访客（假设访客分组是随机选择的）显示一个版本的标题。然后，向剩下的访客显示另一个版本的标题。在实验进行一段时间之后，开发人员查看特定的统计数据或指标，如标题的点击次数。开发人员以此来决定哪个版本的标题更具吸引力，并且将获胜的版本展示给所有人。这是一种改进 App 指标的简单但强大的方法。例如，图中上面标题的点击率为 3.3%，而下面标题的点击率为 3.9%，那表示仅仅改变几个词，点击量就增加了 18%！

这种技术被称为A/B测试。这是一种强大的、由数据驱动的在线产品改进方法。它之所以被称为“A/B测试”，是因为你要比较至少两个版本的特性，即版本A和版本B。

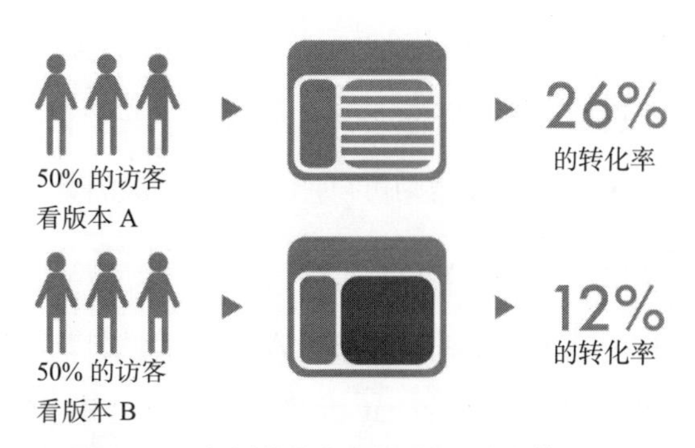

A/B测试显示了相同特性内容的至少两个变体（A和B），
并且比较相关指标以决定将哪个变体推送给所有用户。
在这个例子中，每个人都将开始看到变体A，
因为它能够更好地让用户采取预期的操作（“互动性”）。来源：VWO

如果你不能确定哪个营销口号会更吸引人们购买，那么与其进行无休止的争论，不如进行A/B测试！不确定哪种“注册”按钮的颜色（红色或绿色）会更吸引人点击？进行A/B测试！（如果你对此好奇，我们可以告诉你，在一次实验中，红色按钮的点击量比绿色多出了34%。）不确定哪个Tinder头像会让你获得更多的喜爱滑动？ Tinder甚至可以让你运行A/B测试，以找出最适合的照片来用作你的头像。

所有的消息都值得检验

让我们回到本节的核心问题：为什么《华盛顿邮报》的文章标题都有两个版本？这是《华盛顿邮报》A/B测试框架的一部分，叫作“Bandito”[1]。Bandito会尝试不同版本的标题，以确定哪个版本的标题被点击的次数更多，

1 《华盛顿邮报》为进行A/B测试所开发的算法工具。

随后更频繁地显示获胜的标题。

A/B 测试在新闻媒体中非常流行。BuzzFeed[1] 还使用 A/B 测试来寻找点击率最高的标题。实际上，BuzzFeed 的竞争对手 Upworthy[2] 为了找到最完美的标题，曾经尝试了多达 25 个版本的标题。

A/B 测试非常重要。根据 Upworthy 的说法，一个好的标题可以产生 1 000 次浏览，而一个完美的标题则可以产生 100 万次浏览，这就是好标题与完美标题之间的差距。

越来越多的 App 和网站都在尝试使用 A/B 测试。例如，脸书总是向“有限的测试受众”推出新功能。Snapchat[3] 允许广告客户对其广告进行 A/B 测试，以从中挑选出最受关注的广告。甚至，实体店也可以做 A/B 测试：有一家初创公司让其商店改变播放的背景音乐，以测试如何能尽可能地增加顾客的购买量。

测试的意义

在对 A/B 测试的结果进行统计时，有一个重要的注意事项。你需要检查所观察到的结果是由于某些有意义的事情而引起的，还是仅仅是偶然发生的。例如，如果你投掷一枚硬币 6 次，得到 5 次正面，你不能因此就确信这枚硬币“不公平”地偏向正面，这可能只是由于偶然的运气。但是，如果你投掷 600 次得到 500 次正面，你可能因此而发现一些有价值的东西。

当公司进行 A/B 测试时，实验人员除了报告一个版本与另一个版本相比如何改变了特定的指标。他们还报告了一种叫作 p 值的统计数据，该数据代表了一种概率，以显示实验人员所观察到的差异是否有一定的偶然性。通常，

1 BuzzFeed是一个新闻聚合网站。

2 Upworthy是一个资讯网站，致力于快速传播有意义的信息和图片。

3 Snapchat是一款具有“阅后即焚”功能的照片分享App。

如果 $p<0.05$（差异是随机产生的概率小于 5%），那么他们就可以假定这种变化是有意义的，或者“具有统计学意义”，否则，他们就可能认为他们得到的结果是纯粹靠运气得到的。

例如，亚马逊为一半的用户增大了“加入购物车”按钮的尺寸，发现销售额增加了 2%，$p=0.15$。虽然更大的按钮似乎是一个“伟大”的举动，但有 15% 的可能性，销售增长是由于偶然的运气，而不是按钮的尺寸。$0.15>0.05$，所以亚马逊的测试人员不会发布更大的按钮。

所以，如果你曾经被《为吃什么进行了 18 次激烈的争论，以至于友谊的小船说翻就翻》这样的标题吸引，这没有什么不妥，你也不要为此感到不快。毕竟，你面对的是一个有着强大的社会科学、软件开发和统计学背景的团队。不管你喜欢与否，A/B 测试的确是非常有效的。

第 2 章

操作系统

安卓还是 iOS？ MacOS 还是 Windows？每个人都有自己喜欢的操作系统。从智能手表到超级计算机，操作系统是每个设备的心脏——没有它们，你无法运行任何一个 App。下面，让我们看看操作系统是如何工作的。

为什么黑莓手机会失败？

2000 年，黑莓公司推出了全球首款智能手机。这款手机之所以声名鹊起，是因为它让用户可以在任何地方上网和收发电子邮件，这对于希望时刻在线的商务人士来说再体贴不过了。而且，黑莓手机键盘的打字速度也比其他手机快得多。正因为这些优势，很多人无可救药地成为黑莓手机的粉丝，自称“炸裂莓”。

到 2009 年，黑莓公司在智能手机领域占据了主导地位，市场份额达到 20%，超过使用 iOS 系统的 iPhone（14%）和使用安卓系统的智能手机（4%）的总和。就连美国总统奥巴马在 2009 年就职时使用的也是黑莓智能手机。

但来到 2016 年最后一个季度，黑莓手机的市场份额跌至 0.05% 以下，出货量仅略高于 20 万部。而同一季度，安卓智能手机的出货量超过 3.5 亿部，iPhone 的出货量为 7 700 万部。

黑莓手机在哪里出了问题呢？让我们来看看。

iPhone 的崛起

当史蒂夫·乔布斯在 2007 年推出 iPhone 时，黑莓公司的高管对此并不在意。他们认为这是一款面向年轻人的炫酷玩具，而不是黑莓手机的竞争对手。黑莓手机面向的主要是商务人士。

然而，让黑莓公司没有想到的是，人们真的很喜欢用 iPhone，因为它出众的显示效果并且还配有触摸屏。苹果公司没有像黑莓公司那样向企业的 IT 采购经理销售手机，而是直接向普通消费者销售 iPhone，也就是像你我这样的普通人。

结果呢？随着 iPhone 的普及，人们开始随身携带两部手机，即工作用的黑莓手机和个人用的 iPhone。很快，企业也意识到，让员工在工作中使用个人的手机，既可以省钱，还能让员工感觉更自由和快乐。可以肯定的是，iPhone 正在有条不紊地悄悄进入黑莓公司所珍视的商务市场。这是“商务市场消费化”趋势的一个完美例子。黑莓公司意识到，对于智能手机来说，掌控一切的不是商务人士，而是普通用户。

可惜的是，当黑莓公司终于认识到必须直接触及普通消费者时，它已经落后了。为了与 iPhone 竞争，黑莓公司在 2008 年设计了一款名为“Storm”的触屏手机。但在匆忙之中，黑莓公司在这款手机还没有准备充分之前就发布了它，消费者对它的评价自然是十分负面的。就连黑莓公司的 CEO 也承认，这是个失败的尝试。

黑莓公司错过的另一个重要趋势是“App 经济”的崛起。我们将在第 3 章对其进行详细介绍。黑莓公司没有意识到，消费者想要的不仅仅是在手机上发送电子邮件。他们想要的是 App、游戏和即时通信。在鼓励开发者为自己的平台开发 App 方面，黑莓公司做得也不够好。相反，iPhone 的 Apple Store 比黑莓手机的应用商店拥有更多的 App，这也在无形中促使很多黑莓手机的用户蜂拥转向购买 iPhone。

简而言之，黑莓公司在取得最初的成功后变得自满，它过于关注现有用户，而没有考虑增加新的用户。黑莓公司没有注意到软件行业正在出现的新兴趋势，而是继续将其手机视为商务工具。而苹果公司，还包括谷歌公司，则将手机重新定位为适合日常生活的多功能“娱乐中心”。苹果公司正确地解读了消费者的需求，所以赢得了市场。

万福玛丽亚传球

到 2012 年，黑莓手机的市场份额从 2007 年的 20% 跌至 7%。那一年，黑莓公司任命了一位新的 CEO，试图扭转局面。黑莓公司甚至推出了一系列新的高端手机，如 Q10 和 Z10。《纽约时报》的评论家称为“黑莓公司的万福玛丽亚传球[1]”。

遗憾的是，黑莓公司没能如愿以偿。

当黑莓手机的市场份额跌至 iPhone 和安卓手机之后，排名第三位时，黑莓公司陷入了一个“先有鸡还是先有蛋”的恶性循环。如果黑莓平台没有用户，开发人员就不会为它开发 App；如果没有足够丰富的 App，用户也不会购买黑莓手机。黑莓公司的确在努力吸引开发者使用自己的平台，甚至在 2012 年提出，向任何开发黑莓 App 的人提供 1 万美元的奖励。但这仍然没有起什么作用。

黑莓手机的市场份额继续其螺旋式下滑。正如黑莓公司自己所说的那样，繁华的往事都已成为过眼云烟。

谷歌公司为什么要让手机制造商免费使用安卓系统？

谷歌公司的安卓手机操作系统对消费者和手机制造商都是免费的。像三星和 LG 这样的公司可以在不支付谷歌公司任何费用的情况下在自己的手机上安装安卓系统。别看安卓系统是免费的，但它每年可为谷歌公司带来超过 310 亿美元的收入。一个免费的产品为什么能赚这么多钱呢？

谷歌公司的策略是，首先让尽可能多的人使用安卓系统。如今，全球 80% 以上的智能手机使用的是安卓系统。从这一点来看，让安卓系统免费显然是卓有成效的。

在拥有如此高的市场份额后，谷歌公司可以使用多种策略从安卓系统上

1　在比分落后且比赛时间所剩无几时才会使用的一种孤注一掷式的超远距离传球。若队友能成功接球达阵，便能反败为胜。

赚钱。

- 第一种收入通过强制使用安卓操作系统的手机安装谷歌 App 获得。谷歌公司可以强制所有使用安卓系统的手机制造商预装所有核心的谷歌系 App，如 YouTube 和谷歌地图。在美国，谷歌公司甚至强迫手机制造商将谷歌搜索栏放在离主屏幕不超过一屏的界面上。通过让更多的人使用它的 App，谷歌公司可以获得更多的数据，显示更多的广告，从而赚更多的钱。
- 第二种收入是通过用户购买 App 而获得的佣金。谷歌公司坚持认为，大多数国家的手机制造商在任何安卓手机的主屏幕上都应该突出显示安卓应用商店（谷歌 Play）。这是为了吸引更多的用户从谷歌 Play 下载 App。每当有人购买了 App 或进行了 App 内购买时，谷歌公司都会从中获得 30% 的收益。虽然每笔交易为谷歌公司带来的佣金只是一笔小钱，但将每笔小额佣金加起来就是一个很惊人的数目了。事实上，谷歌公司每年的佣金收入是 250 亿美元。谷歌 Play 的用户越多，App 的购买量也就越多，从而为谷歌公司带来的佣金收入也就越多。
- 第三种收入通过广告收入获得。让安卓系统更加普及可以帮助谷歌公司赚取更多的广告收入。实际上，每当 iOS 用户在谷歌搜索中点击广告时，谷歌公司都需要把自己的部分广告收入与苹果公司分享。此外，为了让谷歌搜索成为 iOS 上的默认搜索引擎，谷歌公司每年必须向苹果公司支付大约 120 亿美元。由此你就能明白，为什么谷歌公司更喜欢人们在安卓手机而不是在使用 iOS 的 iPhone 上运行谷歌搜索了。

安卓系统的用户越多，谷歌公司的收入也就越多，所以谷歌公司免费赠送安卓系统就不足为奇了。

为什么要开源?

所谓开源，就是开放源代码。安卓系统不仅仅是免费的，而且还是开源的，这意味着任何人都可以制作和发布自己的衍生版安卓系统。开发者可以定制设计自己的安卓系统，以满足个性化需求，如流行的 LineageOS（前身为 CyanogenMod）。你可以用 LineageOS 替换手机预装的普通安卓系统，以提高手机运行速度，实现自定义，并且增加功能。

安卓系统的核心代码是基于开源操作系统 Linux 的“内核”而构建的，所以安卓系统也是开源的。这里所说的内核是指一系列代码，用来帮助应用程序与设备的硬件进行通信，如读写文件、连接键盘和 Wi-Fi 等。内核就像汽车的引擎，没有内核，计算机根本无法运行。

那么，为什么谷歌公司会让安卓系统开源呢?

- 第一个原因是，便于系统设计。使用 Linux 预先构建的开源内核可为安卓系统的开发人员节省大量的设计时间。自 1991 年以来，Linux 的开发人员一直在不断改进他们的内核。而且，从超级计算机到电子游戏机，Linux 可以在各种各样的设备上运行。所以通过采用 Linux 内核，安卓系统可以很方便地运行在各种硬件上。
- 第二个原因是，安卓系统的设计初衷就是代码开源。开源的特点使得手机制造商可以自行定制界面，以使其手机与众不同。这是手机制造商选择安卓系统而非其他操作系统的重要动机之一。
- 第三个原因是，安卓系统开源会让更多的手机制造商加入安卓阵营和谷歌生态系统。由于安卓系统是开源的，想要深度定制自己手机的制造商更有可能使用衍生版的安卓系统，而非不开源且无法轻松定制自身系统的 iOS。到目前为止，很多衍生版的安卓系统已经很成熟了。即使用户使用的不是标准版本的安卓系统，也不会影响他们使用谷歌搜索和各种谷歌 App。毕竟，更多的用户意味着更多的钱，推广开源实际上有助于谷歌盈利。

综上所述，你肯定已经明白了谷歌公司为什么要让手机制造商免费使用安卓系统。虽然谷歌公司不会直接因此盈利，但这一举措帮助安卓系统获得了更多的用户、更多的 App 销售，以及更多的基于安卓系统的谷歌搜索次数。所有这些都能帮助谷歌公司获得利润。

为什么安卓手机会预装这么多垃圾App？

你买过安卓手机吗？没用过，没关系。当你开始使用安卓手机的时候，你很快就会意识到它预装了许多你从来没有自己安装过的、没用的 App，从游戏、小工具、地图、视频 App 到浏览器，各种品类可谓应有尽有。手机制造商、定制机的电信运营商将其委婉地称为“预装 App”，并且声称它们展示了手机的功能和性能。但是，大多数人都不喜欢预装 App，并且将其讽称为“膨胀 App”。

大多数预装 App 都无法被卸载，在默认情况下，它们都会在后台持续运行，这会消耗电量，降低手机运行速度，并且浪费存储空间。一名评论人士发现，他新买的三星盖乐世手机预装了 37 款膨胀 App，他还未进行任何操作，64GB 的存储空间就被吞噬掉了 12GB。有时候，事情还会变得更加荒谬，例如，美国电信运营商 Verizon 公司曾经在其盖乐世 S7 定制机上预装了一款膨胀 App，该 App 可以在用户不知情的情况下自动下载其他膨胀 App。

你会说，用户难道不能采取什么措施吗？但是，想抵制膨胀 App 可没那么容易。虽然你可以禁用一些膨胀 App，防止它们在后台运行，消耗电量，但它们仍然会占用你手机的存储空间。

膨胀的生意

那手机为何会存有这么多垃圾呢？电信运营商和手机制造商并非想要变得“招人讨厌”。而是因为膨胀 App 是一种利润丰厚的商业模式的核心。

当三星公司等手机制造商和美国电话电报公司等电信运营商意识到美国智能手机和数据套餐市场已经基本饱和时，膨胀 App 的商业模式就出现了。也就是说，在几乎所有购买手机和订购数据套餐的需求都已经被充分挖掘之后，手机制造商和电信运营商不能仅仅靠销售手机和数据套餐来增加收入了。它们需要找到新的赚钱方式，这就是捆绑膨胀 App。手机制造商和电信运营商主要通过两种方式从膨胀 App 中赚钱。

第一种是 App 开发商可以向电信运营商和手机制造商支付预装 App 的费用。例如，Verizon 公司曾经提出以每台手机 1~2 美元的价格预装一个 App。换句话说，如果你的 Verizon 定制手机装有 10 个膨胀 App，那么 Verizon 公司就轻松赚到大约 20 美元。对于电信运营商和手机制造商来说，这是一笔“白来”的钱。而这个交易可以帮助 App 开发商把其 App 展示在人们面前。这一点很重要，因为大多数美国人一个月都不见得下载一款 App。自然，唯一的输家是消费者。

第二种是电信运营商和手机制造商也预装自家的 App。这些 App 往往是热门的免费 App 的昂贵山寨版。例如，三星手机预装了自己的安卓应用商店，美国电话电报公司预装了自己的导航软件（需要每月支付 10 美元的谷歌地图的复制品），Verizon 公司预装了 Message+（会对通过 Wi-Fi 发送的短信收费）。

所以，你明白为什么电信运营商和手机制造商要预先安装这些 App 了吧，原因很简单，那就是为了赚钱。三星公司可从其应用商店的付费 App 下载中赚取佣金，而电信运营商则从昂贵的山寨 App 中赚钱。这些公司十分希望用户不要注意到除了预装的膨胀 App，还有其他免费的 App 可供选择。这样一来，用户就会默认使用这些预装的 App。例如，虽然大多数用户更喜欢使用谷歌地图，但由于苹果公司将苹果地图设为 iPhone 上的默认导航 App，从而使得苹果地图比 iPhone 上的谷歌地图更受欢迎（在 2015 年后）。这都要归功于 iPhone 上预装了苹果地图。

然而，许多用户对膨胀 App 很反感。一方面，许多人不使用这些无用的软件。例如，在三星手机上预装的 ChatOn（聊天 App）拥有 1 亿用户，但用户平均每月只使用它 6 秒，而用户每月使用脸书的时长达到 20 小时。另一方面，用户已经开始在应用商店中对许多膨胀 App 给予差评。预装 App 也可能带来危险的后果，那些对此无法忍受的用户可能干脆放弃预装垃圾 App 过多的手机，这将使膨胀 App 的策略适得其反。但是否有没有预装膨胀 App 的手机呢？

没有预装膨胀 App 的 iPhone 手机

如果你用的是 iPhone，那么祝贺你，iPhone 没有预装膨胀 App。这是为什么呢？

首先，让我们想想苹果公司是如何赚钱的。苹果公司的大部分收入来自硬件销售。事实上，iPhone 的销售额占了苹果公司 60% 以上的收入。其次，苹果公司的品牌也是其核心优势之一，这是由使用产品时的那种流畅和精致的体验所驱动的。因此，膨胀 App 的盈利策略不可能为苹果公司所采用，因为这会削弱苹果公司宝贵的用户体验。

为什么电信运营商不能“悄悄”地把膨胀 App 安装到 iPhone 上呢？因为苹果公司直接禁止电信运营商在 iPhone 上安装膨胀 App。这一点似乎使得安卓系统对电信运营商更具吸引力。但由于有如此多的客户需要 iPhone，电信运营商拒绝苹果公司的要求将是不明智的，因此电信运营商不得不遵守苹果公司有关膨胀 App 的禁令。

但苹果公司自己在 iPhone 上预装的那些 App，如 Safari、iCloud 和苹果地图，会给用户带来困扰吗？很显然，一些用户不喜欢它们。2012 年，当苹果公司推出苹果地图时，用户的反馈是"糟透了""苹果地图是这款手机最大的缺点"。不过，我们不会称这些 App 为膨胀 App，因为你现在可以卸载几乎所有苹果公司所预装的 App。少数不能被卸载的 App，如 Messages 和相机，由于它们是 iOS 的核心组成部分，所以你不能卸载它们是可以理解的。

无膨胀 App 的安卓手机

难道安卓的用户只能"任人宰割"吗？当然不，虽然还没有见到故事的结尾，但我们已经看到了一线希望。事实上，一些安卓手机正在摆脱膨胀 App。

当谷歌公司的旗舰手机 Pixel 于 2016 年发布时，谷歌公司宣布，该手机不会预装任何谷歌的膨胀 App，以获得像 iPhone 一样完美的用户体验。然而，电信运营商仍然可以预装一些膨胀 App。例如，Verizon 公司在第一版 Pixel 中嵌入了像"My Verizon"和"VZ Messages"这样的 App。

无论是通过技术限制还是严格的禁令，谷歌公司在接下来的几年里成功地禁止了运营商预装膨胀 App。当 Pixel 3 于 2018 年问世时，它已经完全摆脱了膨胀 App 的束缚。

世界第三大移动操作系统是什么？

如果让你说出世界上最大的三种移动操作系统，你肯定能说出安卓和 iOS。但是第三大移动操作系统是什么呢？它肯定不是黑莓操作系统，它已经退出历史舞台了。也不是 Windows Phone 操作系统，它也早就无声无息了。

答案是 KaiOS，这是一款针对联网功能手机的轻量级操作系统。KaiOS 专门针对印度市场，它已经成为印度第二受欢迎的移动操作系统。

什么是 KaiOS 呢？在其他众多移动操作系统都失败的情况下，它是如何发展到第三位的呢？

与安卓和 iOS 两大移动操作系统巨头竞争是极其困难的，即使像微软公司这样的巨头也没能如其所愿。然而，在印度，有 15% 的手机采用了 KaiOS，虽然其份额远远落后于安卓操作系统的 70%，但超过了 iOS 的 10%。那么，什么是 KaiOS 呢？在其他众多移动操作系统都失败的情况下，它是如何发展到第三位的呢？

Jio 手机

KaiOS 的故事要从 Jio 公司说起。Jio 公司是一家印度电信运营商，成立于 2016 年，是电信巨头 Reliance 公司的子公司。Jio 公司所提供的服务是革命性的，它提供永远免费的语音通话和 50 卢比[1]1GB 的移动数据流量。与印度其他电信运营商的服务相比，它的服务非常的便宜。Jio 公司由此一炮而红，在 6 个月内就获得了 1 亿用户。

1 50卢比约合人民币4.8元。

Jio公司同时意识到，还有5亿印度人没有智能手机，并且智能手机的价格往往超出了这部分人群的购买能力，这限制了Jio公司的增长。所以，Jio公司在2017年发布了Jio手机，这是一款轻量级的功能手机，它实际上是免费的，你只需要为其支付1 500卢比[1]的押金，而在3年后，这笔钱还将被退回给用户。

Jio手机通过不安装触摸屏，降低屏幕分辨率，只配有基础功能的摄像头，以低廉的价格提供了可靠的4G网络。Jio手机甚至支持25种语言。突然之间，印度农民也可以用上App并能用手机观看流媒体视频。要知道，这些农民在此之前几乎不知道手机是什么。事实上，印度市场基本上跳过了桌面计算机阶段，直接来到了移动时代。使用Jio手机是许多印度人接触现代科技的第一次尝试。

Jio手机需要对应的操作系统，但安卓操作系统甚至安卓操作系统的轻量级变体版安卓Go，对智能手机的配置都有一定的要求，如触摸屏。于是，Jio公司改用了一个新兴的操作系统KaiOS，该系统旨在为Jio公司的廉价功能手机提供基于App、互联网模式的使用体验。KaiOS被预装在了所有Jio手机上。

凤凰涅槃

KaiOS基于火狐移动操作系统而构建。火狐移动操作系统是最早为发展中国家创建移动操作系统而进行尝试的。火狐浏览器和火狐移动操作系统的开发者Mozilla意识到，安卓操作系统和iOS的App需要首先下载到手机才能使用，对于低配置的手机来说，这些App仍然过于庞大，所以Mozilla让火狐移动操作系统成为一个基于网页App的操作系统，即通过访问网页来使用App，也被称为HTML5 App。

不过，火狐移动操作系统的问题在于，它是为触屏智能手机设计的，这意味着它将与安卓系统展开正面交锋。随着安卓系统开始被发展中国家越来

1　1 500卢比约合人民币146元。

越便宜的智能手机采用，火狐移动操作系统被挤出了市场。2016 年，火狐移动操作系统这一从未受到关注的移动操作系统在无声无息间被叫停了。

KaiOS 的开发者意识到，尽管火狐移动操作系统的商业策略存在缺陷，但它具有良好的技术基础。由于火狐移动操作系统是开源的，KaiOS 得以采用它的旧代码并创建了一个新的操作系统。该系统仍然是基于网页的，但可以用于没有触摸屏的功能手机。KaiOS 的一个聪明举措是，它并没有试图争夺安卓系统的市场份额，而是专注于做大自己的蛋糕，以占据安卓系统永远不会进入的功能手机市场。虽然低端的安卓手机可能很便宜，但它们仍然比 Jio 手机昂贵。

KaiOS 的另一个聪明举措是，它意识到 Jio 手机的用户也需要使用像 WhatsApp 和 YouTube 这样的热门 App。因此，Jio 公司与谷歌公司合作，开发了谷歌搜索、谷歌地图、YouTube 和谷歌助手等 App 的 KaiOS 定制版本。这些 App 的用户体验可能比直接连接网页的 App 要好。

Jio 手机的销量异常火爆，在上市的头一年半里就卖出了 4 000 万台。KaiOS 也干得漂亮，在 100 多个国家中售出了 8 500 万部搭载 KaiOS 的手机。

苹果公司的Mac电脑会感染病毒吗？

多年来，Mac 电脑（装载 MacOS）最大的卖点之一就是“不感染病毒”。2006 年，作为苹果公司著名的“换台 Mac 吧”广告活动的一部分，苹果公司甚至制作了一个宣传片，展示了身体健康的小伙子（代表 Mac 电脑）给体弱多病的中年大叔（代表 PC）递纸巾擦鼻涕。

难道 Mac 电脑真的对病毒有免疫力吗？

我们首先要说明的是，Mac 电脑的确不会感染 Windows 平台的病毒。这是因为任何为 Windows 平台开发的应用程序，无论是谷歌 Chrome 浏览器，还是世界上最可恶的病毒，都无法在 Mac 电脑上运行。

虽然 Windows 平台的病毒不会感染 Mac 电脑，但专为 Mac 电脑设计的病毒肯定会感染它们。但是许多人还坚持认为，Mac 电脑不会感染病毒。这又是为什么呢？

Mac 电脑的优势

那些说 Mac 电脑是“百毒不侵”的人有两个主要的论点。一是 Mac 电脑太不常见了，黑客根本就懒得攻击它们。二是 Mac 电脑太安全了，病毒根本无法感染它们。

我们先来看第一个论点。诚然，Mac 电脑确实不常见。截至 2017 年，全球每 25 台电脑中只有 1 台是 Mac 电脑，其余大部分都是采用 Windows 系统的 PC。由于黑客通常只想赚钱，理论上，他们会更专注于 Windows 平台，因为这给了他们更多的可选目标。这是一个听起来似乎有道理的论点，但有一个小问题，黑客入侵 Mac 电脑可能比入侵 PC 赚更多的钱。Mac 电脑在较为富裕的国家更为常见，通常占西方国家电脑市场份额的 20%~30%。换个说法就是，Mac 电脑的用户往往比 Windows 平台的用户富有得多，这可能让黑客有更多的理由把攻击目标锁定为 Mac 用户，因为使用 Mac 电脑的受害者更有可能掏出更多的钱。因此，虽然“Mac 电脑太不常见了”的论点是合理的，但也存在例外。

我们再来看第二个论点。是的，Mac 电脑的确比 Windows 系统的 PC 更安全。因为 Mac 电脑确实有一些内置的安全功能，使它们更难被黑客攻击。默认情况下，Mac 电脑的用户不能运行可能存在风险的软件，也不能改变某些设置，除非他们输入密码，而 Windows 系统则没有那么严格。这意味着，在 Mac 电脑上，流氓软件不可能在用户没注意到的情况下做很多有破坏性的事情。Mac 电脑还有一个叫作“沙盒”的功能，即电脑某个部分所携带的病毒不容易传染给其他部分。这就好比你把一套房子里每个房间的门都单独上锁一样，这样一来，即使窃贼闯入一个房间，他也不可能毫不费力地进入其他房间。当然，Mac 电脑还内置了恶意软件扫描程序，可以屏蔽未经苹果公司批准的应用程序。综合这些因素，黑客入侵 Mac 电脑看起来比入侵 PC 更具挑战性。

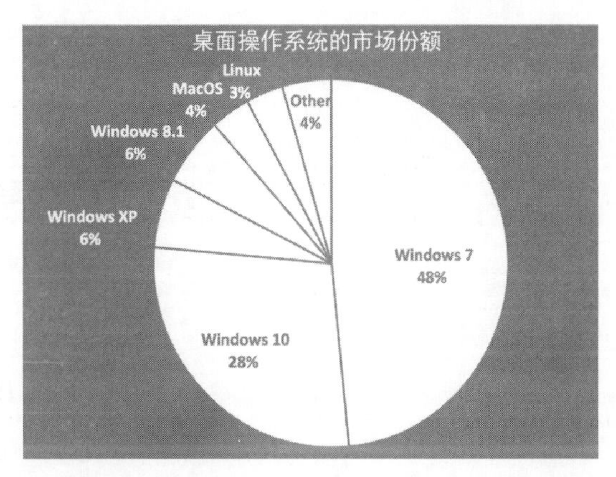

桌面操作系统的全球市场份额。请注意，MacOS 只占总份额的 4%，而 Windows 操作系统的份额达到了 88%！来源：NetMarketShare

Mac 电脑的漏洞

虽然 Mac 电脑有一些安全功能，但它们还是会，而且确实会被病毒感染。例如，在 2012 年，有 60 多万台 Mac 电脑感染了一种名为“闪回”的病毒，这是迄今为止最流行的 Mac 病毒。在后来几年，又出现了几种 Mac 病毒，包括 Rootpipe 和 KitM.A。

显然，Mac 电脑并非对病毒有免疫力。事实上，2017 年的一项分析发现，Mac 电脑装载的 MacOS 的安全漏洞实际上比 Windows 10 更多。

而且，无论操作系统有多安全，你总会面临所谓“社会工程”攻击的风险。例如，网络钓鱼会诱使人们泄露个人信息，黑客可以利用这些信息再来对他们进行诈骗。

第 3 章

App经济学

苹果公司在 2010 年注册了一句广告语“有一款 App 可以做这件事”（There’s an app for that）。

可以说，App 现在已经占领了世界。优步公司（成立于 2008 年）、爱彼迎公司（成立于 2008 年）和 Snap 公司（成立于 2011 年）等估值数十亿美元的公司都基于 App。“App 经济”的估值达 1 000 亿美元。

手机屏幕上的这些小图标是如何创造价值数十亿美元的经济活动的呢？这种“App 经济”的规则与我们走进商店，购买商品的“传统”经济规则非常不同。让我们一起探索这个陌生的新世界吧。

为什么几乎所有的App都是免费下载的？

一个中等尺寸的比萨售价可能是 9.99 美元，洗车的费用是 15 美元，我们每月需要支付大约 45 美元的数据套餐费。

但是，手机上的 App 几乎都是免费的，如 Instagram、Snapchat、Dropbox 和谷歌地图等。安卓操作系统和 iOS 上最赚钱的前 100 款 App 中，只有一款付费 App，那就是《我的世界》[1]。

但我们也发现，许多开发免费下载的 App 的公司已经赚得盆满钵满，免费下载的手机游戏《堡垒之夜》[2] 在 2018 年的收入超过了 10 亿美元。Snapchat 这个 App 是完全免费的，然而它的开发商 Snap 公司在 2017 年上市时的估值为 330 亿美元。以上这一切都表明，"App 经济"与"传统"经济十分不同。如果必胜客表示它将在免费销售比萨的同时实现盈利，我们肯定会认为它疯了。

那么，App 的开发商如何在保证 App 可免费下载使用的同时实现盈利呢？它们想出了一些非常聪明的商业模式，这些商业模式也被称为"货币化"策略。下面就让我们来看看其中最受欢迎的几种商业模式。

免费增值模式：更多的功能，但要付出代价

如果你玩过《糖果传奇》[3] 这款游戏，你会知道下载 App 是免费的。但一旦开始玩它，你就会收到大量让你用货币购买额外生命或开启新关卡的建议。

1 《我的世界》（*Minecraft*）是一款风靡全球的高自由度沙盒游戏，由Mojang AB和4J Studios开发，于2009年5月13日发行。

2 《堡垒之夜》（*Fortnite*）是一款第三人称射击游戏，由Epic Games开发。

3 《糖果传奇》（*Candy Crush Saga*）是由瑞典团队和英国休闲社交游戏开发商King联合开发的一款微策略消除手游，于2014年8月发行。

同样地，你可以在 Tinder 这款交友 App 上“滑动”潜在的伴侣，但每天只能免费滑几十次。如果你想获得更多的“滑动量”，你需要付费成为其会员。

这种商业模式被称为“免费增值模式”，它的原理非常简单。开发商免费提供 App，以获得更多的下载量，然后让用户为额外的高级功能付费，因此得名“免费增值”。“免费增值”模式无处不在，它是像《糖果传奇》和 *Pokémon Go* 这样的手机游戏的盈利方式，也是 Tinder、Spotify 和 Dropbox 等热门 App 实现盈利的方式之一。

免费增值类 App 通常使用两种盈利模式：App 内购买或付费订阅。下面让我们深入研究一下这两种模式。

App 内购买模式

App 内购买模式指的是，用户用真实的货币购买 App 中的额外功能或虚拟物品。App 内购买是手机游戏的主要收入来源。正如我们提到的，《糖果传奇》兜售额外的生命。你可以在玩 *Pokémon Go* 时用真实货币购买游戏币，然后用购买的游戏币兑换额外的戳球或药水，以增强你的宠物怪兽的力量。有些 App 内购买只是为了美化游戏人物的形象，例如《堡垒之夜》的一些玩家会花数百美元定制游戏人物的衬衫和舞蹈动作，以此来美化自己的游戏人物。

付费升级对于游戏来说并不是什么新鲜事。像《魔兽世界》[1] 和《模拟城市》[2] 这样已有几十年历史的 PC 游戏，长期以来也提供付费的“扩展包”。游戏机中的游戏通过可下载内容来实现 App 内购买功能，让你可以购买新的物品、新的关卡。

---

1 《魔兽世界》（*World of Warcraft*）是由著名游戏公司暴雪娱乐所制作的网络游戏，属于大型多人在线角色扮演游戏，于2004年发行。

2 《模拟城市》（*SimCity*）是美国艺电出品的一个城市建造的模拟类游戏，首部作品发售于1989年。

App 内购买主要用于游戏，不过一些应用类 App 也提供这种功能。例如，Snapchat 邀请你为特殊活动付费，如定制自己的地理位置过滤器。许多内置广告的安卓操作系统 /iOS 的 App 通常允许你通过购买升级程序来剔除广告。

游戏和应用的开发商看重 App 内购买的一个重要原因是，通过 App 内购买获得的是纯利润。一旦你开发出一款游戏或应用，在向用户提供如服饰或地理位置过滤器等虚拟物品时，基本上不需要花费任何额外的开发成本，换句话说，边际成本为零。然而，糟糕的 App 内购买行为可能引起消费者反感，就像免费玩的脸书游戏诱使儿童为游戏内物品支付数百美元后，他们的家长会愤怒一样。

付费订阅模式

除了 App 内购买，免费增值的另一种盈利模式是付费订阅。这类似于我们每月支付的手机套餐费。通常，订阅就是你在每月支付一定的费用后，可以解锁有用的新功能。付费订阅随处可见。你只需要在你使用的 App 或玩的游戏中寻找“会员”“VIP”“Plus”“Premium”或“Gold”等关键词，就能了解什么是付费订阅模式。

付费订阅模式实际上被更多地应用于非游戏 App。例如，我们提到过的 Tinder，你只要每月支付少量的 Tinder 会员（Tinder Plus）费，就可以享受无限次的滑动及其他额外的功能；在使用领英时，你每月支付领英会员（领英 Premium）费，就可以给没有联系过的人发邮件[1]；在使用 Spotify 时，你可以用免费试用 Spotify 播放音乐，但是若要剔除 App 内置的广告并离线存储喜爱的音乐，你必须支付额外的订阅费用。就连多年来靠销售 Office 盈利的微软公司，虽然现在还在销售 Office，但是更加鼓励用户购买 Office 365 的年度订阅服务。

1 领英内的邮件被称为“InMail”。当然领英会员的额外功能不仅限于发邮件。

Spotify 会员（Spotify Premium）是付费订阅的典型例子。用户每月支付少量费用，即可获得额外功能。来源：Spotify

一些网站和 App 也开始提供订阅服务。例如，你每月可以在数字版的《纽约时报》上免费阅读几篇文章，但若要阅读更多文章，你必须每月付费。

App 的开发商转向提供付费订阅服务有两个主要原因。第一个原因是，付费订阅服务是一种稳定可靠的收入来源。一次性购买虽然会让开发商的收入在发布 App 的新版本时大幅飙升，但是在其他时候会出现收入急剧下降的不平衡情况。第二个原因是，订阅的用户更倾向于长期使用其订阅的 App，这可能是因为他们觉得自己与这款 App 的互动是长期性的，而不是一次性的，这意味着他们将向 App 的开发商持续支付更多的钱。从商业角度看，付费订阅用户将拥有更高的“用户终身价值”，而将用户终身价值最大化被广泛视为数字商业的目标。

捕“鲸”

大多数人不愿意为 App 付费，你可能也有相似的感觉。一项研究发现，在所有可下载的 iOS App 中，只有 6% 是付费 App。对于大多数人来说，即使 App 的下载使用费是 1 美元，这也太贵了。但是，虽然大多数人不会为其使用的 App 支付任何下载费用，但是频繁使用某款 App 的一小部分人愿意支付很多的钱。经济学家称为“80/20”法则，即 20% 的用户将产生 80% 的收入，80% 的用户将产生另外 20% 的收入。

对于 App 的开发商来说，关键是找到那 20% 愿意付费的人，并尽可能地从他们身上获得价值。这 20% 的付费用户在业界被称为“鲸”，如此称谓可能是因为付费用户数少，但能产生很大的效益吧。这些“鲸”是巨大的，有数据显示一款手机游戏的付费用户平均每年在 App 内购买上会花费 86.50 美元。有些“鲸”更大，在 2015 年，手机游戏 *Game of War: Fire Age*[1] 的付费用户平均每年为其花费近 550 美元。

由于 App 的深度用户最有可能付费，所以大多数 App 内购买或订阅都是针对这个群体。例如，你可以想想 Tinder 是如何让你为无限次的滑动付费的。大多数 Tinder 用户滑动的次数永远不会超过 App 每天免费提供的几十次，但 Tinder 的深度用户很快就会用完免费次数。而且，这些沉迷于 Tinder 的用户不会介意花几美元来获得更多的滑动次数。

简而言之，免费增值这种商业模式是这样运用的：通过免费提供 App 来吸引大量用户，找到该 App 的深度用户，通过向其提供额外功能，以 App 内购买或付费订阅来收取费用。

但是，一家公司如何在不向用户收取任何费用的情况下盈利呢？让我们继续往下读。

1　*Game of War: Fire Age*是由Machine Zone于2013年发行的免费增值大型多人在线战略游戏。

为什么脸书公司不向用户收费还能赚取数十亿美元？

免费增值模式可以带来高额利润。但想想谷歌公司和脸书公司（或者像中国的百度公司和腾讯公司，译者注），你可能多年来一直在使用它们的App，从谷歌地图、谷歌文档到Instagram和脸书，但是你可能从未向它们支付过一分钱。所以，它们并没有使用免费增值模式，那么它们是怎么盈利的呢？

答案很简单，利用针对性的广告。让我们首先来讲解一下“竞价展示广告”和“定向广告”这两个词。

竞价展示广告

正如你可能已经想到的，App和网站一直在利用广告盈利。它们向广告主收取少量费用，允许广告主在它们的App或网站上展示广告。但是App和网站如何确定广告的收费标准呢？主要通过两种方法。

第一种方法是，App和网站在有用户观看广告时向广告主收取少量费用。这是一种名为“按印象付费”的策略。由于有非常多的用户观看广告，App和网站通常按照每1 000次浏览量收费。例如，一个广告被观看1 000次的“印象”价格是5美元。因为广告主通常按广告曝光次数付费，所以“按印象付费”的广告常被称为“每千人成本”广告。

第二种方法是，App和网站可以在用户实际点击广告时向广告主收费。这种计价方式被称为“点击成本”或“点击付费”。

谷歌公司和脸书公司既提供每千人成本广告服务也提供点击成本广告服务。想在谷歌公司或脸书公司的产品，如谷歌搜索或脸书的动态消息上投放广告的广告主，必须向两家公司投标，说明自己愿意为每次广告观看或广告点击支付多少费用。当访问者每次加载一个页面时，所有的广告主都会在一个即时的“拍卖”中角逐，而获胜者的广告则会被展示出来。[1]

更高的出价会让广告主的广告更有可能被展示，但是 App 或网站上展示的广告不一定来自出价最高的广告主。谷歌公司和脸书公司也考虑其他标准，如以广告的相关性，来决定由哪个 App 展示广告。之所以这样做，是因为相关性更强的广告可能得到更多的点击量，这有可能让谷歌公司和脸书公司获得的广告费比出价更高但相关性较低的广告更多。想想看，如果你是谷歌公司广告部门的负责人，你愿意展示一个竞标价 5 美元点击 10 次的广告，还是一个竞标价 2 美元点击 100 次的广告？

竞价展示广告是谷歌公司和脸书公司的盈利方式之一，但让它们能赚更多钱的是一种名为“定向广告”的策略。

定向广告

除非你想购买家具，否则你会点击沙发的广告吗？可能不会。 你在电视或杂志上看到的广告就陷入了一种误区——当只有一小部分观众感兴趣时，向每位观众大肆宣传特定信息是一种浪费。 但如果广告主只是在你搬进新居或需要购买家具时才有策略地向你展示沙发的广告呢？你可能就会点击沙发的广告了。

这种“定向广告”策略正是使谷歌公司和脸书公司真正与众不同的关键所在。因为你在谷歌公司和脸书公司的 App 和网站上做了很多事情，它们知道你的兴趣爱好。然后它们利用这些数据向你投放广告，这样就可以在免费向你提供服务的同时赚取广告收入。

例如，谷歌公司注意到你在搜索“选择手表指南”或“便宜手表的价格”，它可以推断出你想购买手表。当你再次使用谷歌搜索时，它可能向你展示手

1 延伸阅读：https://adespresso.com/academy/blog/everything-need-know-facebook-ads-bidding/ 。

表的广告。因为这些定向广告与你更相关，所以相比非定向广告，你更有可能点击它们。更多的点击量会带来更多的购买次数，所以定向广告能帮助广告主赚更多的钱。

换句话说，定向广告提高了“点击率”，让广告主的钱花得更值。由于谷歌公司和脸书公司拥有的用户数据比其他公司都多，因此它们可以更好地投放定向广告，从而向广告主收取高额的广告费。基于用户数据的定向广告业务利润丰厚，谷歌公司和脸书公司的大部分收入都来自这种广告。脸书公司广告业务的年收入超过 300 亿美元，几乎占其总收入的 99%。

那么，定向广告到底是好是坏呢？隐私倡导者担心这些大公司会跟踪你每次浏览的内容，从而了解你的兴趣、习惯和社会活动。但或许这只是交易的代价，天下没有免费的午餐，你实际上用的是你的个人数据，而不是金钱来“购买”谷歌公司和脸书公司的产品。这场争论可以用硅谷的一句流行语来总结：“如果你不为产品付费，那你就是产品。”

定向广告功能强大，谷歌公司和脸书公司都是这个策略的最佳实践者。这两家公司几乎占据了整个移动广告市场的一半份额。对于小型初创公司来说，从定向广告中盈利十分困难，因为广告主只愿意向拥有海量用户数据的公司投放广告。

唯一能够威胁到谷歌公司和脸书公司的是亚马逊公司，它已成为美国第三大广告投放平台。现在，有超过一半的美国人用的是亚马逊公司的网站或 App 来搜索商品，而不是谷歌搜索。随着市场份额的增加，亚马逊公司现在可以直接在亚马逊网站或 App 的待售商品列表中植入广告，这是一个人们非常有可能购买商品的地方。既然亚马逊公司很清楚你买过什么，它就能以惊人的准确性知道你可能想买什么。

换句话说，亚马逊公司已经开始与谷歌公司竞争直接导致购买行为的定向广告市场。因此，新“玩家”确实还是有可能进入定向广告市场的，尽管亚马逊公司已经不再是一家小公司了。

出售你的数据吗？不完全是

最后，需要指出的是，谷歌公司和脸书公司，以及其他大多数有广告服务的公司，都不会把你的数据卖给广告主。广告主将他们的广告提交给谷歌公司和脸书公司的广告部门，然后这两家公司根据你的个人数据决定向你展示哪些广告。你的个人数据在谷歌公司和脸书公司内部被广泛调用，但它永远不会离开它们的内部数据库。事实上，谷歌公司和脸书公司自身也需要保证用户数据的私密性，这样才能迫使广告主不得不选择它们来投放广告。简而言之，广告驱动型公司在很大程度上是不会出售你的数据的。

但近来，脸书公司因在未告知用户的情况下泄露用户数据而受到抨击。脸书公司之所以这样做，是因为它与苹果公司和三星公司等手机制造商合作，通过向它们提供用户数据以换取自己的产品在手机上的有利位置。另外，脸书公司为了使用亚马逊公司的数据来帮助脸书优化其“好友建议”功能，还与亚马逊公司共享了用户数据。正如*PC World*杂志指出的那样——更准确地说，它们是在卖“你”。正是这一策略，让很多App的开发公司在不向用户收取任何费用的同时成为价值数十亿美元的公司。这是App经济的显著特征。

为什么新闻网站上有这么多“赞助内容”？

当让你回想一下广告的种类时，你可能想到横幅广告，也就是那些出现在网页上或App页面底部的矩形动画图片。现在，横幅广告越来越少了，一方面可能是因为它占用了宝贵的页面位置，另一方面可能是因为用户很少会点击横幅广告，所以它们不能创造很多收入。事实上，用户有意地点击横幅广告的可能性只有0.17%，也就是你看到约600个横幅广告才会点击1个。但尽管如此，横幅广告在网站上仍然很受欢迎。

现在，出现了一种新型的广告，它的隐蔽性更强。例如，当你浏览Instagram的时候，你可能看到一些并非来自你的朋友，而是来自那些想卖给你东西的公司的帖子；Snapchat会允许广告主向定向选择的数百万用户发送帖子；推特甚至开始允许广告主购买用户的个人标签数据，以实现定向内容发送。

以上你所看到的这类由广告主所发送的帖子，被称为“赞助内容”。赞助内容，也被称为“原生广告”，指的是与真正的内容融合在一起的广告。与真正的内容融合在一起可让用户更有可能认真对待它们，而不是忽视它们。

在新闻行业，赞助内容的增长尤其迅速。广告主可以付费在《纽约时报》、CNN、NBC和《华尔街日报》等网站的众多新闻内容中加入看似也是新闻的文章。但它们实际上是广告。BuzzFeed等新兴媒体公司也喜欢原生广告。越来越多精心编辑的广告伪装成“新闻”。例如，《纽约时报》曾经有一篇名为《为什么传统的监狱制度对女性囚犯不起作用》的文章，但其实它是一个经过精心设计、引人入胜的赞助内容帖，是奈飞的电视剧《女子监狱》的广告。

赞助内容对广告主来说是非常有效的，数据证明原生广告的点击量是横幅广告的两倍多。它已经成为新闻出版物的一个重要的收入来源。例如，在2016年，《大西洋月刊》有大概3/4的数字广告收入来自原生广告。而且，由于互联网已经彻底摧毁了新闻业的传统商业模式，原生广告可能是让报纸得以生存的为数不多的因素之一。

原生广告功效强大，但它也具有威胁性，因为它使人们更难区分事实和营销。路透社发现，有 43% 的美国读者对原生广告感到“失望”或认为“被欺骗”。更根本的是,原生广告打破了新闻媒体设置在记者和商人之间的壁垒。换句话说，如果报道新闻的人现在开始写广告了，那么新闻媒体所具有的独立性与真实性的属性可能受到质疑。

原生广告一无是处吗？也并不完全是。一项研究发现，有 22% 的消费者认为原生广告是有意义的，而只有 4% 的消费者认为横幅广告有意义。

爱彼迎公司是如何赚钱的？

亚马逊公司、优步公司和爱彼迎公司的 App 都是免费下载的，从来不会对用户的使用行为进行收费，并且 App 上的广告也很少。

像这样将买家与卖家（或乘客与司机等）联系起来的市场型 App 或平台型 App，其实是通过在服务过程中偷偷收取一些费用来赚取佣金的。这就像房地产经纪人在帮助你买卖房屋时收取佣金一样。

例如，爱彼迎公司会在用户每次预订住宿时收取“服务费”，费用比率为：房屋主人付 3%，客人付 6%~12%。这些费用是爱彼迎公司的主要收入来源。

房客

1 位房客

$46 × 2 晚	$92
清洁费	$25
服务费	$16
总价	**$133**

预订

爱彼迎公司通过向你收取少量“服务费”来盈利。来源：爱彼迎 App

很多其他市场型 App 也通过收取佣金盈利。优步公司收取司机收入的 20%~25% 作为佣金。当第三方卖家在亚马逊上陈列并销售它们的商品时，亚马逊公司会从中收取提成。具体的抽成幅度因产品而异，但根据我们的经验，亚马逊公司拿走了 30%~65% 的销售收入。

这就是大多数市场型 App 的盈利模式。那么，市场型 App 能在不收取佣金的情况下盈利吗？请继续往下读。

Robinhood是如何做到以零佣金交易股票的？

买卖股票是你投资理财的方法之一，但是在每次交易时，你都要付给经纪人佣金。股票交易 App Robinhood 却做到可以让你免费交易股票。是的，免费，零佣金。

那么，Robinhood 是如何维持自己业务的呢？它主要有两种盈利方式。

首先，它们采用了传统的免费增值模式来使深度用户付费以解锁更多的功能。Robinhood 金币可以让你有几个小时的延时交易，即正常交易日美国东部时间上午 9：30 到下午 4 点的前几个小时或后几个小时进行交易，它还可以让你从 Robinhood 那里借钱，以购买更多的股票。

其次，Robinhood 从用户账户里的闲置资金中赚取利息，就像你把闲置资金存入银行赚取利息一样。

正如你所看到的，App 的商业模式越来越聪明了。下面，让我们通过介绍一些更具创造性的 App 商业模式来结束这一章。

App如何在不展示广告或不向用户收费的情况下赚钱？

到目前为止，我们讨论过的所有 App 都是通过展示广告或向用户收费来盈利的。如果 App 的盈利模式不是付费下载、付费订阅，那么就是 App 内购买或收取佣金等。对于 App 的开发商来说，是否有其他维持生存的方式呢？除了用户和广告主，App 还能从其他人那里盈利吗？

事实证明，答案是肯定的。让我们看一看这些聪明的商业模式是如何做的。

首先，App 可以向用户或广告主以外的人收费。例如，旅游订票服务 App 可以帮你找到最实惠的车票，并指引你到相应的公交公司的网站上购买。旅游订票服务 App 不向用户收取任何费用，但它会从公交公司收取少量佣金。

App 可以尝试在没有任何收入的情况下生存，乍一听似乎匪夷所思，但在科技世界，这是可能发生的。

一些 App 靠借来的时间（和风险投资家的钱）生存，以提供免费服务，直到它们的业务规模变得足够大，可以开始盈利为止。换句话说，先增长，再盈利。例如，小额借贷 App Venmo[1]不会从你支付给朋友的款项中获利。如果你在银行账户之间转账，它不收取任何费用，如果你用信用卡转账，它只收取与信用卡机构相同转账费率（3%）的费用。

2018 年，Venmo 在拥有了足够大的用户基数之后开始盈利。它宣布你可以用 Venmo 支付优步打车费，还推出了 Venmo 联名借记卡。在这两种情况下，Venmo 都会向商户收取少量费用。一些人还猜测，Venmo 可能开始针对用户投放广告，因为它现在确切地知道用户在哪些方面花钱。

当然，还有一些 App 只是希望在花光投资者的钱之前被收购。例如，在 2013 年，一款名为 Mailbox 的免费电子邮件 App 面市，每天用它发送的邮件很快就达到 6 000 万封。 而 Dropbox 在 Mailbox 发布的一个月内以 1 亿美元的价格收购了这款 App 及其背后的团队。不过，这款 App 的结局有点悲情色彩。Dropbox 在 2015 年关闭了这款 App，并将其团队成员分配到不同的团队中。你可以说我们愤世嫉俗，但 Mailbox 之所以能够实现爆炸式增长，并能被 Dropbox 以不错的价格收购，是因为它免费提供服务。

简而言之，由于用户要求免费下载 App，App 开发商不得不变得更加“狡猾”。值得注意的是，App 的开发商对开发聪明的盈利模式似乎从未江郎才尽。下一个创新的盈利模式是什么？现在你已经读过这一章了，也许你能有些新的想法。

1 Venmo是由一家位于美国纽约州纽约市的电子商务公司Venmo开发的小额支付款项的软件，让使用者可以更轻松的处理朋友间的金钱问题（如分账、出游支出等）。

第 4 章

互联网

在 2006 年，当时负责制定互联网新规的美国阿拉斯加州参议员特德 · 史蒂文斯发表了一篇臭名昭著的试图解释互联网是如何运作的演讲：

当 10 部电影同时在互联网上播放时，互联网会发生什么？就在昨天，我才收到了我的同事通过互联网在上周五上午 10 点发给我的信。为什么隔了好几天才收到呢？因为它与互联网上的很多信息纠缠在一起……互联网要传输大量的信息。你不可以随便往互联网上扔东西。它不是一辆大卡车，而是一系列的管道。

很明显，参议员史蒂文斯不了解互联网。那我们了解互联网吗？

当你输入网址并按下回车键后发生了什么？

你可能每天都会打开某个浏览器，在地址栏输入某个网址，如“google.com”。但是在你按下回车键后，直到你熟悉的主页出现在你的计算机或手机屏幕上，你知不知道发生了什么事情呢？

网页地址

在我们讨论网站之前，让我们先了解一下网页地址。如我们所知，每栋建筑物都有一个地址，这样人们可以很容易地找到它。如果我们让50个人去“华盛顿特区西北宾夕法尼亚大道1600号，邮编20500”，他们最终会到达同一个地方。即使他们中的某些人从来没有去过美国，他们也能找到去这栋大楼的路：先去华盛顿特区，再去宾夕法尼亚大道，然后走到1600号街区。

每个网页都有自己的地址，就像每栋建筑物都有自己的地址一样。网页的地址以“https://www.nytimes.com/section/sports”这样的形式来表达。

就像建筑物的地址一样，网页地址可以让不同的人很容易到达同一个页面。例如，如果你将“https://www.nytimes.com/section/sports”发送给50个朋友，他们最终将看到完全相同的网页。这个网页地址被称为“统一资源定位器”（简称URL）。

你在浏览器的地址栏输入“google.com”，然后按下回车键。但是地址栏显示的URL是“https://www.google.com”！除你输入的“google.com”以外，其他部分信息是什么呢？

回到我们对建筑物地址的比喻，你会发现在你缩写地址后，人们仍然知道你的意思。例如，你可以把“1600 Pennsylvania Avenue Northwest, Washington, DC 20500”写成“1600 Pennsylvania Avenue NW, Washington, DC”或“ 1600 Penn Ave NW DC”，人们仍然明白你的意思。（在谷歌地图中输入所有这些地址，它们都会引导你去白宫。）

类似地，“google.com”其实是“https://www.google.com”的缩写。你的浏览器知道你的意思，并会自动补全 URL 的其余部分。但是 URL 的其余部分代表什么呢？

地址译码

当浏览器获得完整的 URL 时，它会将 URL 分成几个部分，由此确定要打开哪个页面。这就像你将一栋建筑物的地址分解成它的门牌号码、街道、城市、州和邮政编码一样。我们看看浏览器是怎样分解 URL 的。

URL 第一部分是“https://”。这就是所谓的“协议”，它定义了浏览器应该如何连接网站。打个比方，如果你想用优步打车去白宫，你可以选择优步经济型车、优步普通车或优步豪华车。

类似地，当你尝试访问互联网时，你可以选择两种主要“协议”中的一种。默认协议是超文本传输协议（简称 HTTP），它在 URL 中显示为“http://”。比 HTTP 更安全的加密版本是超文本传输安全协议（简称 HTTPS），它在 URL 中显示为“https://”。它们几乎是相同的，只是 HTTPS 表明浏览器应该加密你的信息，从而使信息免受黑客的攻击。如果你正在输入密码或信用卡号码，网站会要求使用 HTTPS。在这种情况下，浏览器会响应网站的要求，使用 HTTPS 而不是 HTTP，这就像告诉你的朋友约一辆优步豪华车而不是优步普通车一样。

URL 的第二部分是“www”。对于大多数网站来说，它是可选的，但是出于完整性的考虑，浏览器通常会显示它。这就像，如果你给一个美国人一个美国的电话号码，你不需要告诉他“+1”这个国家区号，但是你也可以给，如果你想给的话。

之后，浏览器会打开“google.com”，它被称为“域名”。每个网站都有自己的域名。以下这些域名应该是大家耳熟能详的：google.com、wikipedia.org、whitehouse.gov。

IP 地址

网站有自己的地址——域名，但浏览器并不是用域名来连接网站，而是用被称为“IP 地址”的数字代码来识别并连接网站。每个网站都至少有一个 IP 地址，就像大多数人都有一个手机号码一样。浏览器只有知道了网站的 IP 地址才能访问网站。这就像你不能只在手机里输入“比尔·盖茨”就指望和他通话一样，你必须通过他的电话号码才能联系到他。

为了将域名转换为 IP 地址，要用到域名服务（简称 DNS）。DNS 就像一个巨大的地址簿，列出了域名及对应的 IP 地址。首先，浏览器会在硬盘上保存最近你访问过的网站“域名—IP 地址”列表，就像你自己记录的电话号码簿；如果浏览器无法在保存的“域名—IP 地址”列表中找出某个域名对应的 IP 地址，它就会转而采用互联网服务提供商（简称 ISP）提供的 DNS 查找域名所对应的 IP 地址。

讲到这里你应该明白了，当你在浏览器中敲入“google.com”并按下回车键后，浏览器首先会使用 DNS 查找“google.com”对应的 IP 地址，然后显示 IP 地址对应的网站页面。例如，“google.com”有很多 IP 地址，其中一个是“216.58.219.206”。一旦查到域名对应的 IP 地址，浏览器就可以通过 HTTP 或 HTTPS 访问“google.com”页面了。

同样地，域名“google.com /maps”对应了IP地址“216.58.219.206/maps”。为了让你的朋友留下深刻印象，你可以在地址栏中输入“216.58.219.206/maps”，就能向你的朋友展示谷歌地图的页面了。

访问谷歌公司的服务器

综上所述，浏览器现在“知道”如何使用HTTPS访问IP地址“216.58.219.206”对应的页面了，这个IP地址所代表的就是人们所熟知的“google.com”。浏览器将这个访问“请求”打包并发送到为谷歌公司的网站提供运营服务的大型计算机或“服务器”上。在下一节中，我们将解释信息是如何准确地在谷歌服务器和你的计算机之间传输的。

最终，运行google.com的服务器收到访问请求并找到你要访问的网页。服务器会进行一些计算来准备你访问的页面信息。例如，服务器会检查当天是否有新的谷歌涂鸦，如果有，它将用这个新的涂鸦替换标准的谷歌公司Logo。然后，服务器会准备好呈现网页所需要的代码。

浏览器显示网页

谷歌服务器将呈现网页所需的代码作为对“请求”的“响应”发送给浏览器。然后，浏览器利用这段代码在计算机或手机屏幕上显示对应网页——呈现合适的元素，使它们看起来更漂亮，并具有交互性。

当你单击网页中某个链接或搜索其他内容时，浏览器将会打开一个新的URL，如此这般，新一轮循环又开始了。

信息是如何像邮寄辣椒酱那样在互联网上传输的？

现在，我们知道了浏览器是如何通过互联网连接网页的。接下来，你可能问，网页、YouTube 视频和脸书上的信息是如何神奇地从网页所在服务器传送到计算机或手机上的呢？

信息的传输遵循着一个循序渐进的过程。让我们用“辣椒酱是如何送货上门的”的例子进行解释。

运送辣椒酱的例子

假设你住在洛杉矶，非常喜欢吃辣椒酱，因此你决定从 Cholula[1] 公司的官网上购买 50 瓶辣椒酱。顺便说一句，这家公司的美国分公司位于纽约郊外。

Cholula 纽约分公司的一名员工接到了你的订单，她不能把 50 瓶辣椒酱都装在一个箱子里，所以她把它们分装在 10 个箱子里，每箱 5 瓶。为了确保你收到所有 10 个箱子，她在箱子上写有“第 1 个箱子（共 10 个箱子）”“第 2 个箱子（共 10 个箱子）”等。由于她不知道你的住址，所以她只在箱子上写了你的名字。

第二名员工从她那里拿到要寄给你的箱子。他注意到你曾经在 Cholula 公司的网站上注册过一个账户，所以他在数据库中查到了你在账户中预留的地址。他把你的地址写在箱子上，然后把它们交给邮局。

邮局职员注意到，装货码头没有从纽约直达洛杉矶的货车，因为路途太远了，但有开往费城和芝加哥的货车。相比纽约，这两个城市都离洛杉矶更近，所以将箱子送到这两个地方中的一个是正确的一步。由于货车容量有限，邮局职员只能在去费城的卡车上放 6 个箱子，所以他把另外 4 个箱子放在了去芝加哥的货车上。

当以上箱子到达芝加哥和费城时，这两个城市的邮局职员再次将箱子转发到离洛杉矶更近的其他城市。例如，从芝加哥到西部的丹佛或菲尼克斯。

1 https：//www.cholula.com。

这种情况将一直持续到箱子到达洛杉矶附近的邮局，然后邮局就把箱子送到洛杉矶的邮局，最后送到你家。

这些箱子通过不同的路径寄送到你家，所以它们到达的顺序是随机的。由于这些箱子上都贴有标签，所以你可以检查是否所有箱子都已送达。有9个箱子陆续送达你家，但是你一直没有收到上面写有“第9个箱子（共10个箱子）”的箱子，也许它在运输过程中被弄丢了。你写信给Cholula公司要求补发5瓶辣椒酱，随后他们同意并给你补寄，你很快就收到了你想要的全部50瓶辣椒酱。

TCP和IP

辣椒酱到底和互联网有什么关系？事实证明，我们刚才提到的运送辣椒酱的过程非常类似于数据在互联网上的传输过程。

传输控制协议（简称TCP）和互联网协议（简称IP）共同用于在计算机之间发送数据。它们的工作方式和我们刚读过的Cholula公司员工的工作方式非常相似。

因为网页数据通常太大而无法一次发送，TCP将它们分成许多小的包，并为每个包贴上标签（比如“10个中的第1个”），这就像第一名Cholula公司员工将你订购的50瓶辣椒酱分10个箱子包装一样。

然后，在通过互联网将数据发送给你的时候，服务器使用DNS来查出你的IP地址。这就像第二名Cholula公司员工从客户数据库中查找你的收货地址。

接下来，数据通过IP发送给你。IP通过几次“转移”，将每个数据包发送到世界各地，但无论数据包采取什么路径，它们最终都会到达目的地。这就像邮局把不同的箱子送到不同的中间点，比如费城和芝加哥，但是箱子最终到达了你的手中一样。

一旦数据包到达你的手中，TCP 将按照正确的顺序重新组装它们，并检查是否有数据包丢失的情况。如果有数据包丢失了，它将要求网站再次发送丢失的数据包。这就像你通过箱子上的标签发现少了一箱辣椒酱然后要求 Cholula 公司补寄一样。

简而言之，这就是数据在互联网上传输的方式。不管你的操作是买辣椒酱还是浏览 YouTube，你买的东西（查的信息）都被分成更小的块（通过 TCP），通过几次中间转移（通过 IP）发送给你，然后重新组装成原始内容（还是通过 TCP）。

不管你是如何通过互联网获取信息的，都会经历同样的过程。无论你是在笔记本电脑上使用浏览器浏览脸书的网站，还是在手机上使用脸书的 App，数据都要历经同样的过程从脸书公司的计算机传输到你的计算机（或手机）上。甚至在你与亚马逊公司的人工智能音箱 Echo 对话或轻敲苹果手表的时候，都会经历这个过程。

HTTP 和 HTTPS

你可能想知道用于获取网页页面的 HTTP 和 HTTPS 在哪里适用。其实，HTTP 和 HTTPS 是建立在 TCP 和 IP 之上的。HTTP 和 HTTPS 对 TCP 和 IP 说："给我这个网页。" TCP 和 IP 就会合作以交付所请求的页面。

在寄送辣椒酱的例子中，HTTP 和 HTTPS 的"请求"与你给 Cholula 公司下的购买辣椒酱的订单一样。TCP 就像 Cholula 公司员工，负责拆分和打包你的订单；而 IP 就像邮政服务，负责转运。

尽管这些协议听起来晦涩难懂，但它们对你在互联网上进行的任何操作都至关重要。

信息通过什么路径从一台计算机传输到另一台计算机上？

请记住，在TCP和IP中，数据被分解成小数据包，通过各种中间计算机，直到抵达目的地。每个数据包都通过自己的路径从某个网站的服务器传输到你的计算机或手机上。那么这些路径是怎样的呢？

为了测试这些路径，我们使用了一个名为“traceroute”的Mac/Linux工具，它显示了一个示例数据包从你的计算机传输到指定网站的路径。我们当时在美国华盛顿特区，准备查一下到加州大学洛杉矶分校的网站“ucla.edu”的路径。加州大学洛杉矶分校的服务器在洛杉矶，所以在这个测试中，我们想知道：通过互联网，从华盛顿到洛杉矶传输数据要通过什么路径？

通过测试结果，我们可以看到数据传输的路径。示例数据包由一台计算机转发给下一台计算机。这很像邮寄的包裹通常会在中间邮局中转，或者乘坐飞机时转机一样。

请注意，数据包并没有直穿整个国家。它必须沿着物理光缆传输（我们将在最后一节讨论），因此它必须遵守地理的限制。有趣的是，如果你将一个包裹从华盛顿特区邮寄到加州大学洛杉矶分校，运送包裹的路径可能与传送此示例数据包的路径类似！

值得注意的是，每个数据包可能通过不同的路径。有时数据包会在世界各地流转，在到达目的地前可能经过了各种曲折的路径。

你想自己试试吗？若想使用在线的traceroute工具查看数据包是如何从该工具所在服务器传输到你选择的网站上的，你只需要提供一个IP地址。你可以提供自己的IP地址，或者尝试一些示例地址，如“23.4.112.131”（位于美国马萨诸塞州的mit.edu）或“216.58.219.206”（位于美国北加利福尼亚州的google.com）。

我们讨论了信息是如何在互联网上从一台计算机传输到另一台计算机的。但是信息又是如何从一台计算机实际传输到另一台计算机上的呢？请继续读下去。

为什么一位华尔街交易员要凿穿阿勒格尼山脉来搭建一条笔直的光缆？

在 2008 年，一位名叫丹尼尔·斯皮维的华尔街交易员在芝加哥南环路和新泽西州北部之间搭建了一条几乎笔直的、长达 1 327 千米的光缆。芝加哥南环路是芝加哥证券交易所的所在地，新泽西州北部就在纽约市外，纳斯达克的服务器就在那里。斯皮维严格要求连接两地的光缆必须是笔直的，这使得工人们只能在宾夕法尼亚州的阿勒格尼山脉中开凿隧洞，而不能选择一些施工简单得多，但稍微有些迂回的路线。这条笔直的光缆造价是多少呢？3 亿美元。

为什么会有人如此痴迷于搭建一条直线光缆呢？

网络光缆

首先，让我们谈谈为什么光缆很重要。每当信息通过 IP 在互联网上传输时，它都要通过长长的地下光缆。互联网的传输介质并不是参议员特德·史蒂文斯所说的管道，而是光缆！

你可能从互联网服务提供商那里听说过光纤接入服务。光纤由纯玻璃制成，比头发丝还细，是透明的。如果你站在由数千米厚的固体光纤玻璃构成的“海洋”上，你可以清楚地看到“海底”。

我们知道计算机是使用 1 和 0 来存储数据的，这就像我们使用 26 个英文字母存储文字一样。当计算机使用 TCP、IP 和 HTTP/HTTPS 将数据发送到另一台计算机时，就需要在光缆上传输这些由 1 和 0 组成的数据。计算机把“0”

和“1”转换成光亮的变化。“1”可能意味着灯亮了一小会儿，“0”可能意味着灯在同样长的时间内是不亮的。然后这些由亮或不亮组成的闪光通过光缆传输。由于光纤是由透明玻璃制成的，因此信息的传输速度快得不可思议，几乎达到光速的2/3。

由此可以看出，尽管你感觉信息似乎如魔法般在互联网上传播，但它实际上是通过长长的地下光缆传输的。因为两点之间最短的距离是直线，所以利用最直的光缆传输数据的人，他的上网速度最快。我们都喜欢网速快，但有谁会痴迷到凿穿阿勒格尼山脉呢？让我们来一探究竟。

高频交易

许多高频股票交易商通过互联网在美国两大股票交易中心——纽约证券交易所和芝加哥证券交易所之间进行快速交易。高频交易商利用这两个证券交易所之间的微小股价差异，例如，在纽约以1美元的价格买进一只股票，在芝加哥以1.01美元的价格卖出，每天可完成数万次或数百万次赚取微小利差的操作。这个过程被称为“套利”。套利机会转瞬即逝，为了得到套利机会，必须有闪电般的互联网速度。竞争是如此激烈，交易商不惜为了几微秒（百万分之一秒）的优势而战。

这些高频交易商需要尽可能快的互联网速度，这样才能在利润丰厚的交易中击败竞争对手。由于信息在互联网上传输要使用长长的光缆，因此高频交易商要选择尽可能直的传输路径。

这又让我们回到了这个问题：为什么交易员丹尼尔·斯皮维不惜花费巨款搭建一条几乎笔直的光缆呢？这是为了最大限度地提高两个证券交易所间的网速，这将有助于为高频交易获得优势。这条光缆比之前的纪录保持者要直得多——利用斯皮维的光缆在纽约和芝加哥之间传输测试信息只需13毫秒，比之前的纪录整整快了 3 毫秒。高频交易商愿意为这一微小的速度优势花大价钱，从首批签约使用这条光缆的 200 家高频交易商总共支付了 28 亿美元就可以看出这一点。

还记得我们之前所说的可以 2/3 光速的速度传输信息的光缆吗？但这对于一些交易员来说仍然太慢了。2014 年，一家公司开始试验巨型激光发射枪，这可以在纽约和芝加哥之间隔空传送信息。由于光在空气中的传输速度比在玻璃中传输的速度快，因此通过巨型激光发射枪实现的信息传输速度会比光纤传输快得多，而且这一传输速度几乎不可能被超越。

但至少就目前而言，光缆仍然是主要的数据传输介质。只要我们还在用光缆，就会有像丹尼尔·斯皮维这样疯狂的华尔街交易员。

读书笔记

第 5 章

云计算

在 21 世纪初，你可能去影音出租连锁集团百视达的门店租电影碟片，从家用电器和电子产品零售分销商百思买购买 Photoshop 和 Microsoft Office 的盒装软件盘，把公司的电子文件存储在公司总部的服务器里。如今，你可以通过 Netflix 在线观看电影，通过每月支付 Photoshop 或其他 App 的订阅费来使用软件，还可以通过 Dropbox 或 Amazon Web Service（亚马逊云服务，简称 AWS）等云服务将公司的文件存储在遥远的服务器中。

事实证明，这三种变化都有一些共同点。其中一个共同点被称为“云”，这与天气无关。那“云”是什么呢？让我们来一探究竟。

谷歌云端硬盘和优步有什么相似之处？

拥有一辆汽车的费用是非常高昂的，包括燃油费、保险费、维修费、税费及其他费用，你每年为此支付大约 8 000 美元。从前，如果你想要自由出行，你只能选择购买汽车。

但现在不一样了，你可以通过使用优步、Lyft 和 Zipcar 等共享出行 App 来解决自由出行的问题。如果你并不经常开车，一年的驾驶里程少于 9 500 英里，那么使用优步 App 打车比拥有一辆车更经济实惠。你几乎可以在任何时间、任何地点使用优步叫车，而如果你拥有一辆车，只有和它在一起时才能使用它。而且，使用共享出行服务，你不必担心修车、给车加油或车辆被偷等问题，因为你坐的车不是你自己的。

以上这种便利的服务和技术有什么关系呢？其实，这正是技术变革的结果。

传统的计算方式与云计算

以前，你会购买像 Microsoft Word 这样的软件，并将应用程序生成的文件存储在自己的笔记本电脑中。这就像拥有一辆车，你对存储在自己电脑的软件拥有绝对控制权，但要承担与之相关的全部责任。如果你的硬盘坏了，或者你的笔记本电脑丢了，那你就倒霉了，这就像如果你的车子坏了或被偷了，你就有麻烦了一样。而且不管你对 Microsoft Word 或汽车的使用频率如何，你都要支付一笔高昂的固定费用。

2000 年以后，谷歌公司发布了一些云服务，例如，能够在浏览器中运行的谷歌文档（Google Docs），在线存储文件的谷歌云端硬盘（Google Drive）。你只要在任何地方、任何连接了互联网的设备上，登录你的谷歌账户，就能运行你保存在谷歌云端硬盘中的文件，还可以在任何浏览器或手机上运行谷歌文档。所以，即使你的笔记本电脑被卡车碾过，你也可以借其他人的电脑，登录自己的账户，然后像什么都没发生过一样访问你的文件。你只需要为所使用的这些服务付费即可：谷歌云端硬盘免费为你提供 15GB 的存储空间，如果你需要更大的存储空间，你可以额外付费。简而言之，这与优步的打车服务相似：你在任何地方都可以享有需要的服务，但你不需要拥有任何提供服务的设备或软件本身，你只需要在你需要服务的时候付费即可。

这种新的计算方式被称为“云”或“云计算”，说白了就是在线运行应用程序和存取文件，而不是在自己的笔记本电脑上运行本地的应用程序或存取文件。购买 Microsoft Word 盒装软件和在笔记本电脑硬盘上存取文件采用的是传统的计算方式，而利用谷歌文档和谷歌云端硬盘采用的则是云计算方式。

回到之前的类比上，云计算就像我们使用过的优步汽车共享服务。与拥有自己的汽车或电脑的传统方式不同，云计算允许你通过互联网从任何地方按需获取文件、软件应用或其他服务。

云计算无处不在。你可以利用 Gmail 通过网页浏览器收发电子邮件，而不必打开 Microsoft Outlook。你可以用 Spotify 在线听音乐，而不必将歌曲下载到手机里。你可以将 iPhone 上的文件存储在苹果公司的 iCloud 上，即使换了新手机，你也能找回它们。

“云”里的东西住在哪里？

当你在浏览器上访问谷歌云端硬盘时，你的文件会神奇地显示出来。当你点击 Spotify 上的某个按钮，音乐就会开始播放。但是所有与之相关的电子文件，从电子表格、文档到歌曲，必须以“0”和“1”的形式存储在某台计算机里。但是如果这些电子文件没有存在你的计算机上，那它们在哪里呢？

技术专家会告诉你，这些数据存储在“云”端。但这并没有解释清楚。显然，天空中没有巨大的存储了你的数据的计算机。“云”这个奇怪的流行语是什么意思呢？

数据中心

简单地说，“云”就是别人的计算机。当你在谷歌云端硬盘上创建谷歌文档时，所有的文本和照片都可存储在谷歌公司的计算机上，而不用存储在你的计算机上。无论你何时运行 Gmail 邮箱，邮件也是在谷歌公司的计算机上，而不是在你的计算机上被处理的。

现在，当我们说“谷歌公司的计算机”时，指的并不是某个谷歌员工的笔记本电脑。我们的意思是，谷歌文档位于谷歌公司的“服务器”上，这些服务器是功能强大的计算机，专门用于存储数据，运行应用程序和网站。服务器只用于运行程序，因此它们通常不配键盘、鼠标、屏幕。服务器也不会被关闭（至少不会故意将其关闭），因为像谷歌云端硬盘和 Gmail 邮箱这样的服务需要全天候（24/7）运行。

服务器通常位于被称为“数据中心”的巨大建筑物中。数据中心有许多机柜和在机柜上堆叠的服务器（服务器的集群被象征性地称为“服务器场”）。不过，数据中心不可能是老旧的建筑。数据中心需要强大的冷却系统，因为服务器会散发大量的热。数据中心还需要备用发电机，以防断电。

数据中心的内部视图，里面有许多服务器（运行网站和应用程序的计算机）。
来源：Torkild Retvedt

前端和后端

服务器承担了运行应用程序和网站所需的大量计算。每当你登录谷歌文档查看文档时，谷歌公司都会从其服务器中把你需要的数据检索出来并展示它们。同样，Spotify 公司的音乐文件也保存在其租用的服务器上。你使用的 Spotify App、登录的 Spotify 网站被称为“前端”。无论何时，只要你想用 Spotify 播放一首歌，Spotify 前端就会向 Spotify 公司租用的服务器发送一条请求歌曲的消息。Spotify 公司租用的服务器将你需要的歌曲文件找出来发给 Spotify 前端进行播放。Spotify 公司租用的服务器被称为“后端”。

后端通常比前端更安全，因为应用程序的开发商对后端有更多的控制权，而用户对前端有更多的控制权。因此，任何涉及密码或数据库的事情都在后端服务器上进行，而交互式用户界面通常在前端绘制。例如，所有用于发送、接收和搜索电子邮件的 Gmail 程序代码都在谷歌公司的服务器上运行，你在浏览器中看到的单击按钮、链接等只是用于告诉服务器应该进行哪项操作。

最好的“云”和最坏的“云”

综上所述，云计算就是在远程的服务器上存取文件和运行应用程序。这带来了非常大的便利性，例如，有了 Dropbox，你就不需要在自己的计算机上备份文件，而且即使你的笔记本电脑意外损坏了，你的文件也是安全的。但是云计算有什么风险呢？

第一个风险是安全性。当你把文件存储在别人的计算机上时，你必须相信他们会保护你的文件。有时，你存储在云端的文件并不安全。在 2014 年，黑客侵入了苹果公司的 iCloud 服务器，导致几位好莱坞演员的裸照被泄露。

苹果公司事后努力提高了自己服务的安全性。如今大多数云服务提供商都非常重视安全性。例如，当谷歌公司数据中心的某块硬盘退役时，员工会采用物理破坏的手段无情地销毁它，这样就没有人能获得存储在上面的数据。谷歌公司的数据中心还配备了定制设计的电子门禁卡、警报、车辆门禁、围墙、金属探测器和生物识别技术，以防止非法入侵者进入。谷歌公司的数据中心楼层甚至使用了激光入侵探测系统，这是你在“007 系列电影”中会看到的高科技。简单来说，云服务提供商做了很多工作来保护你的数据，与将数据存储在你的计算机里相比，将它们存储在“云”端的安全系数可能更高。

第二个风险是隐私。当你把文件存储在别人的计算机里时，你会担心他们让其他人查看你的文件。这种担心是合理的。美国法院曾多次试图迫使谷歌公司和微软公司交出存储在它们服务器上的电子邮件数据。值得赞扬的是，微软公司和谷歌公司一再拒绝了美国法院的要求。

第三个风险是互联网接入。如果所有你喜欢的 App，如推特和谷歌地图，都是网页 App，那么在你没有连接互联网时，你的工作效率就会受到极大的影响。好消息是，许多 App 在离线运行方面取得了进展。谷歌文档和 Gmail 邮箱现在提供了有限的离线功能，一些游戏 App 和帮助提高工作效率的 App

已经通过谷歌 Chrome 开发了离线版本。

因此，尽管存在一些风险，但云计算的便捷性和安全性使其成为开发商和个人在提供或选择服务时的一个较好选择。

为什么你不能再一次性拥有Photoshop了？

1990 年，Adobe 公司发布了著名的照片编辑软件 Photoshop 的第一个版本。你可以从计算机商店或分销商门店购买包含 Photoshop 的软盘。之后，Adobe 公司发布了更高级的 CD 版本，再后来，你可以直接从官网下载 Photoshop，在本地计算机上使用。但无论通过哪种方式安装 Photoshop，只要你使用它，你就需要支付"永久许可费"，这意味着你可以永远保留和使用你购买的 Photoshop 副本。Photoshop CS6 于 2012 年发布，售价为 700 美元。

1990 年发布的第一版 Adobe Photoshop 的包装盒，以及 Photoshop 安装程序所使用的软盘。
来源：ComputerHistory

但到了 2013 年，Adobe 公司宣布了一项重大转变——用户将不再拥有包括 Photoshop 在内的任何"Creative Suite"套件中的应用程序实体。你可以免费下载 Photoshop，但是若要使用它，你必须订阅 Adobe 公司新的 Creative Cloud 服务，该服务每月收费约为 20 美元。这种"租借" Photoshop 的新模式被称为"软件即服务"（简称"SaaS"）。这就像租车而不是买车一样。

Adobe 公司的新订阅模式是这样运作的：在下载 Photoshop 之后，你需要输入订阅服务的许可密钥。然后，Photoshop 自动连接 Adobe 公司的服务器，检查你的许可证密钥是否有效。Photoshop 每个月都会执行这样的操作，以确定你一直在订阅它。请注意，Photoshop 仍然在你的计算机上运行，它只是使用“云”来检查你的订阅状态。如果你的订阅过期了，Photoshop 会拒绝运行！

Adobe 公司从中得到了什么好处

对于 Adobe 公司来说，转向 SaaS 模式是一个明智的商业举措。第一，SaaS 模式可以帮助 Adobe 公司获得更稳定的收入，因为 Adobe 公司可以每月收取订阅费，而不必等到每隔几年才进行的大型新版本发布时才能获得软件的销售收入。第二，SaaS 模式可以帮助 Adobe 公司打击盗版软件，因为每月的许可证检查意味着 Adobe 公司可以确定谁可以使用 Photoshop。第三，由于 Photoshop 现在可以定期连接互联网，Adobe 公司可以不断地推送软件更新和修复补丁，而不必等到新版本准备就绪时。这有助于更快地消除安全问题，使用户满意。

然而，此举并非没有招致争议。

用户从投诉到接受

这个订阅服务刚推出时，用户并不高兴。许多人对 Adobe 公司强迫用户升级的行为感到愤怒，他们觉得 Adobe 公司试图通过让用户一直为 Photoshop 付费来榨取他们的金钱。一位知名博主将 Adobe 公司的这项新商业举措称为“软件历史上最直观的金钱掠夺”，而消费者权益倡导者则评价 Adobe 公司的行为“具有掠夺性”。

但是，用户很快就稳定了自己的愤怒情绪，纷纷采用“云”Photoshop。数据表明，Adobe 公司的收入在一年内增长了 70%。为什么会出现这种情况呢？首先，订阅服务可以让用户获得持续的更新，而不需要额外的费用。其次，订阅服务让新用户更容易接触Photoshop。现在，新用户可以先免费试用Photoshop一个月，并且第一年的订阅费用是240美元，而购买一个最新盒装版Photoshop软件的费用是700美元。最后，订阅服务还允许你将Photoshop生成的图形文件存储在Creative Cloud中，由此你在任何设备上都可以轻松地访问或编辑你的图形文件。

因此，尽管订阅服务最初招致争议，但是转向SaaS模式对Adobe公司来说意义重大，这使它的股价翻了一番，并在短短一年内将收入提高了70%。

与互联网技术发展密切相关

你可能想知道，既然以SaaS模式提供Photoshop有这么多好处，为什么Adobe公司花了22年（从1990年到2012年）才采用SaaS模式呢？

第一个原因是，SaaS模式十分依赖互联网，用户只有在能够访问互联网时才能订阅。我们如今常常会想当然地认为每个人都能上网，但事实并非如此。在1997年，只有18%的美国人能在家里上网，但到2011年，这一数字翻了两番，达到72%。互联网的普及使得仅在互联网上销售软件变得更加可行。

第二个原因是，Adobe公司花了好几年才建成Creative Cloud。也是在2011年，Adobe完成Creative Cloud建设后，Photoshop才能转向SaaS模式。

SaaS模式的其他示例

我们虽然讨论了很多关于Photoshop的内容，但是需要注意的是，SaaS模式的应用非常广泛。请记住，SaaS模式表示“软件即服务”，是一种用户订阅购买通过互联网交付的软件的业务模式。在SaaS下，虽然有代码在“云”上运行，但是请记住，即使采用SaaS模式，如Photoshop，应用程序本身仍然可以在你的计算机上运行。

还有很多采用 SaaS 模式的例子。你可以以每月几美元的价格租借 Dropbox 服务器上 1TB 的存储空间。你可以每月向 Spotify 付费，就能无限次播放音乐。Gmail 邮箱对个人用户是免费的，但公司用户可以为 G Suite 付费以获得无限制的基于网页的电子邮件应用。谷歌表格（Google Sheets）是 Microsoft Excel 的 SaaS 版本，也是免费的，但是你每月花几美元就可以将利用它编辑的文档存储在谷歌云端硬盘上。

这些采用 SaaS 模式的例子有什么共同之处呢？你可以通过浏览器访问所有这些应用，因为它们的程序和数据都存储在其他公司的服务器上。换句话说，SaaS 只是在“云”上运行的应用程序的另一种说法。

这又回到了我们一开始提出的问题：为什么你不能再一次性拥有 Photoshop 了？ Photoshop 已经发展成为一款基于 SaaS 的软件，你只能租用它，而不能一次性购买并永久拥有它。想一想你每天使用的应用程序，你会发现有很多都是基于 SaaS 的。

微软公司为什么发布取笑Office 2019的广告？

2019 年，微软公司发布了 3 条奇怪的广告，广告对比了微软新发布的 Office 2019 和 Office 365。对于前者，你只需要一次性购买，就可以永久持有但永远无法升级；而对于后者，你可以通过包年订阅来获得持续的升级和其他功能。

这 3 条广告展示了 3 对“双胞胎”，分别是 Office 2019 的 Word、Excel 和 PowerPoint，以及 Office 365 的 Word、Excel 和 PowerPoint。每对“双胞胎”必须完成一些相同的任务。由于 Office 365 所具有的特殊功能，对于每项任务来说，Office 365 的 3 个应用程序都能更快地完成。

那么，微软公司为什么要拿自己的产品开玩笑呢？

“实时冻结”

Office 2019 是微软公司经典办公软件的“实时冻结”版本，其中包含了 Word、Excel 和 PowerPoint。它采用的是一次性购买、永久性拥有、无法升级的传统模式。在微软公司发布广告时，Office 2019 是通常每三年发布一次的传统 Office 系列的最新版本。（在 2010 年前，购买“实时冻结”版本是获得 Office 的唯一途径。）

但是，Office 365 采用的是 SaaS 模式。用户每年支付一次费用，就能不断升级软件，还可以获得 AI 辅助、移动端应用等特殊功能，以及微软公司云存储服务 OneDrive 上的存储空间。

你可以想象，微软公司试图告诉用户，Office 365 比 Office 2019 更好。事实上，额外的功能和不断的升级对用户来说的确更好。微软公司推崇 Office 365 的主要原因是，它通过销售 Office 365 赚了很多钱，比销售“实时冻结”版本的 Office 赚得更多。这可能是因为在使用 Office 365 时，用户一般默认继续订阅，若要取消订阅，必须主动操作。而在使用“实时冻结”版本的 Office 时，用户默认保留旧版本，若要升级软件，必须主动选择购买。换句话说，对于 Office 365 的用户来说，继续订阅是他们默认的操作，因此大多数用户会选择继续付费。

Office 365 的优点不止这些。如果有公司订购了 Office 365，微软公司就可以轻松地销售 Azure（微软公司的云服务，译者注）等其他采用 SaaS 模式的软件或服务给这家公司。微软公司还可以将其他基于云计算的办公软件，如企业消息应用 Microsoft Teams，推荐给 Office 365 的用户，从而将用户留在微软公司的生态系统中。

为什么推出两种 Office 软件

此时你可能有一个疑问，微软公司既然更推崇 Office 365，为什么还要推出 Office 的“实时冻结”版本呢？我们认为，这是因为微软公司注意到仍有一些用户抵制订阅服务，维持发布 2 种版本，则可以避免强迫用户更换软件的使用方式所带来的不良影响。通过逐步淘汰传统的 Office“实时冻结”版本，微软公司可以在短期内让用户满意，但它的确正在逐步地把“实时冻结”用户转化为利润更高的 Office 365 的用户。

Amazon Web Services如何运作？

我们已经谈论了很多采用 SaaS 模式的例子。有越来越多的消费型 App 采用了 SaaS 模式，如谷歌文档和 Spotify。但这只是云计算的部分应用。现在，那些拥有大量的数据和用户的大型企业和科技公司，也在转向云计算。

如果你要运营一个大型网站或 App，就需要一台大型的服务器来处理所有的数据和计算。但是不同于面向个人的笔记本电脑和手机，服务器不便宜，其安装和维护也不容易。要建立自己的服务器，你必须购买服务器主机，申请 IP 地址，安装 Apache 等复杂的服务器软件，控制机房的温度（这个问题比想象中更难解决），并持续维持网站或 App 的更新和运行。为了维持服务器的运行，你有时甚至需要雇用专家。简单地说，运行自己的服务器是一件非常困难的事情。

如果租用服务器，是不是就可以避免所有这些麻烦呢？（这就像自己不买车，利用优步公司的打车服务租用汽车一样。）有了云计算服务，你就可以通过租用服务器来运行自己的网站或 App。

在美国运营的所有云计算服务中，最著名的是 AWS。在使用 AWS 时，客户租用亚马逊公司的服务器，而不是自己购买服务器。AWS实际上是一系列应用的合辑，其中最大的两个应用服务是弹性计算云（简称“EC2”）和简单存储服务（简称“S3”）。简单来说，EC2允许你在亚马逊公司的服务器上运行App的代码，而S3允许你在其服务器上存储App的所有数据。

亚马逊公司的所有产品都在AWS上运行，无论你在亚马逊网站上购买了什么产品，你所使用的都是一个构建在S3和EC2上的网站。事实上，AWS最初创建于2000年，亚马逊公司当时需要为所有内部软件开发团队构建一个通用的工具箱。后来，亚马逊公司意识到其他公司可能也想使用这些工具，于是在2006年，它将这些工具组合成AWS。简而言之，当你使用AWS开发App时，你所借用的工具就是亚马逊公司构建其自身庞大运营系统时所用的工具。

采用云的原因

用户采用云有三个方面的原因。

第一个重要原因是便利。如前所述，客户利用AWS租用服务器要比运行自己的服务器容易得多，因为对于前者，亚马逊公司将负责升级、安全和其他维护问题。亚马逊公司拥有数百万台服务器，客户可以共享这些服务器。每个客户只需使用其所需数量的服务器，并按照自己使用的服务器数量付费即可。此外，由于亚马逊公司有如此多的服务器，这已经实现了巨大的规模经济，可将服务器的使用成本降得很低。如此这般，节省下来的成本是巨额的。例如，一家健康科研型初创公司如果运行自己的服务器，每月将花费100万美元，但选择了AWS后，每月只花费2.5万美元。

第二个重要原因是安全。索尼公司、塔吉特百货公司和家得宝公司都因担忧AWS的安全性而选择自己运行服务器。但是这三家公司恰恰都是数据泄露的受害者——黑客侵入它们的服务器，窃取了用户数据。想想看，亚马逊公司与家得宝公司，哪家公司拥有更多的在线安全专家？

第三个重要原因是可靠。如果网站或 App 突然崩溃，企业就没法赚钱。幸运的是，AWS 等云服务提供商在保持服务器运行方面表现十分出色。AWS 将 App 的数据副本存储在其世界各地的几个数据中心，因此即使某个数据中心因自然灾害而无法运转，或者某些服务器临时出现故障，你的 App 也能正常运营。相比较来说，如果你在自己的服务器上运行 App，你只能希望你的数据中心（通常只有一个）是可靠的。正如 Investopedia[1] 所言：“想象一下奈飞公司在飓风来临前夕将其所有的个人文件、内容和备份数据搬运到某个安全地方的场面。”这简直没法想象。但使用 AWS 等云服务，就可以使奈飞公司在飓风前保持镇静并持续提供服务。

SaaS、IaaS 和 PaaS

亚马逊公司并不是唯一的云服务提供商，尽管 AWS 在全美云服务领域占有 34% 的市场份额，这是其最大竞争对手的 3 倍。AWS 的竞争对手之一是微软公司的 Azure。谷歌公司也依靠其谷歌 Cloud Platform 加入云服务领域的混战。所有这些云服务提供商都允许 App 的开发人员使用与云服务提供商自家 App 所使用的相同的技术。例如，谷歌自己的 YouTube 在 Cloud Platform 上运行，你开发的 App 也可以。

AWS、Azure 和 Cloud Platform 把这种提供云服务器的服务，称为“基础架构即服务”，简称 IaaS。App 开发商可以借用云服务商提供的 IaaS 自行开发并在服务商的服务器上运行自己的 App。

还有一种云服务介于 IaaS 和 SaaS 之间，可以称其为“平台即服务”（简

1 Investopedia是一家致力于互联网投资教育的网站，于1999年6月由Cory Janssen和Cory Wagner投资创建，网址为www.investopedia.com。

称“PaaS”；它的发音与“pass”相似）。提供PaaS的服务商的平台通常还提供其他有用的功能，如数据库、高级分析软件和操作系统。基本上，PaaS可让开发人员更容易在“云”中构建网站。采用PaaS模式的云服务商没有特别有名的，Heroku算是其中之一。Heroku提供了只需输入App代码就可以自动设置网站的服务。在这个过程中，人为设置非常少。可以说，AWS的IaaS服务使得建立一个网站变得很容易，而PaaS服务则使得建立一个网站变得更容易。

SaaS、IaaS和PaaS之间有什么区别呢？我们用食物来打个比方。SaaS就像一家餐馆，你根据菜单点菜并告诉服务员你想吃什么，他们就会为你端来什么。IaaS就像租一间厨房，使你有了做饭的地方，但是你必须自备厨具、食材、餐具，自己做饭。PaaS介于SaaS和IaaS之间，你向服务商提供食材和食谱，他们会为你烹饪好食物。

总之，AWS是什么？简单来说，它是IaaS服务。用通俗易懂的话说，它是一种允许你在亚马逊公司的服务器上租用空间的工具。与你运行自己的服务器相比，在这个空间上运行你的App将更快、更便宜、更容易。

奈飞公司如何应对新剧集开播时网站访问量突然激增的问题？

2015年3月的一个周日，奈飞公司在其视频网站上播放了广受欢迎的电视剧《纸牌屋》第3季的第1集，观众蜂拥而至，奈飞网站当天的访问量比一般周日高出30%。考虑到奈飞网站在2015年的访问量占了全美所有互联网访问量的37%，这30%的增长量显然是巨大的。访问量激增不是偶然事件，当《权力的游戏》第5季在2015年4月首播时，HBO的访问量激增了300%。那么奈飞公司是如何应对如此庞大的访问量激增的呢？

首先，让我们看看奈飞公司是如何运营其视频网站的。2008 年前，奈飞公司是在自己的服务器上提供视频服务的，但在接下来的几年里，它开始逐步将由奈飞公司的服务器提供的服务转移到了 AWS 上，并于 2016 年完成了全部的转移工作。与奈飞公司使用自己的服务器相比，AWS 为奈飞公司创造了以下三大优势。

灵活性

当使用自己的服务器时，奈飞公司必须确定自己有足够数量的服务器来应对访问高峰期。问题是，网站在大多数时候都不处于访问的高峰期，所以大部分服务器在大多时候处于空闲状态，这意味着资源的浪费。但是像 AWS 这样的云服务会根据用户的 App 或网站在一天中访问量的增加或减少而迅速调整运营 App 或网站所需的计算能力，而用户只需要为自己的资源使用量付费。这体现了灵活性。

打个比方，假设你有一家餐厅，午餐时段是最忙碌的时间段，而在其他时间段只有少数食客光临。如果在所有时间段雇用的员工数量工一样，那么你必须雇用足够多的员工来应对午餐高峰。如果这样的话，在一天的其他时间段，大多数的员工将处于无事可做的状态，而你必须要向他们支付工资。但是如果能灵活地调整雇用员工的数量——在繁忙的午餐时段多雇人，在相对不忙的时段少雇人，你就只需要付你应该付的钱即可。

所有的 App 都可以通过这种灵活性来降低成本，但奈飞公司受益尤其多，因为奈飞网站的访问量在一天中变化很大。在上午 9 点到下午 5 点这个时间段，观看视频的观众相对较少，但是在每天晚上 10 点左右，奈飞网站的访问量达到一天的顶峰。AWS 可以自动为奈飞网站提供或大或小的计算能力，而不是每天赋予它相同的计算能力。这充分体现了 AWS 的灵活性。

扩展性

除了灵活性这个优势，是否还有让奈飞公司转向 AWS 的其他优势呢？一个重要的优势是“扩展性”。在用户数量增长的时候（这里指的是数月乃至数年尺度的用户规模增长，而不是在某日突然的飙升），AWS 可以相应地帮助提高 App 的响应能力。这对奈飞公司至关重要，因为从 2007 年到 2015 年，奈飞网站的视频浏览量增长了 1 000 多倍。如果没有使用 AWS，奈飞公司将不得不一直购买并安装新的服务器以提高响应速度。而在将奈飞网站转移到 AWS 上后，AWS 会自动为奈飞网站提供更强的计算能力，奈飞公司除了支付相应的服务费用，不需要做任何工作。

可靠性

奈飞公司选择云服务所获得的最后一个优势是，使用 AWS 比建立自己的数据中心更可靠。这主要是因为“云”构建了大量的“冗余”，即相同数据或代码的多个副本。即使数据中心里有几台服务器出现故障，也会有很多保存在其他服务器的备份来弥补其功能。（就像人类明明只需要一个肾脏，却长了两个，即使其中一个“失灵”了或被我们捐赠了，我们仍能活得很好！）

云计算赋予了奈飞公司巨大的优势，但是这个转变并非一日之功、一蹴而就。奈飞公司花了 7 年的时间才完全把奈飞网站的相关数据从自己的服务器转移到 AWS 上。在这个过程中，它基本上重建了所有的基础程序和数据库。这是一项艰巨的工作，但最终被证明是值得的。

所以，下次你在奈飞网站上追剧的时候，记得感谢那些决定将奈飞网站转向云计算的决策者们。

一个错字为什么会导致20%的网站崩溃？

在 2017 年 2 月 28 日，亚马逊公司的一个工程师输入了一条标准命令来禁用一些 AWS 服务器，以修复计费问题。但是这条标准命令中有个拼写错误，这意外地导致大量 AWS 服务器崩溃，迫使 AWS 重新启动整个 S3。你可能还记得，S3 允许开发人员在“云”中存储照片、视频和其他文件，可以把它想象成一个巨大的针对 App 的“Dropbox”。在 AWS 崩溃的 4 小时里，有将近 20% 的网站崩溃，包括 Medium[1]、Quora[2]、奈飞、Spotify 和 Pinterest[3] 等热门网站，这造成了巨大的损失，标准普尔 500 指数成分公司损失超过 1.5 亿美元。

这个事故是怎么发生的呢？

答案是，崩溃的网站都依赖 AWS。这些网站的代码存储在亚马逊公司的服务器上，数据也存储在亚马逊公司的服务器上（特别是 S3）。因此，当 AWS 的服务器崩溃时，所有的网站也随之崩溃。

这凸显了云计算最大的一个缺陷——如果你在“云”中运营你的 App，那么一旦云服务提供商的系统崩溃，你就会遇到麻烦。即便最好的云服务提供商也不能保证全天候永远正常运行自己的服务器。例如，AWS 在 2015 年总共崩溃了两个半小时，这意味着它的正常运行率为 99.97%。预测每台服务器潜在的故障点是不可能的。即使可以实现，其成本也会非常高昂。这就像要求在温暖的佛罗里达州的迪士尼乐园为暴风雪做准备一样。尽管它可以做

---

1 Medium是推特公司联合创始人埃文·威廉姆斯（Ev Williams）创办的发行平台。这是一个轻量级内容发行平台，允许单一用户或多人协作，将自己创作的内容以主题的形式结集为专辑（Collection），分享给用户进行消费和阅读。

2 Quora是一个问答社交网络服务网站，由Facebook前雇员查理·切沃（Charlie Cheever）和亚当·安捷罗（Adam D’Angelo）于2009年6月创办。

3 Pinterest是一家以兴趣为基础的社交网络，通过图片墙Pinboard发布图片，以图片瀑布流的形式展示图片的新社交网络，于2010年由一个名为Cold Brew Labs的团队创建。

到，但是它不可能这么做，因为不值得花那么多钱。

那么，面对云服务不可避免的崩溃，App 开发商能做些什么呢？当然，他们可以购买服务器，并在自己的服务器上运营 App。这种模式被称为“内部部署”。尽管 App 开发商可以通过这种办法自行解决 App 崩溃的问题，但数据显示，解决效果适得其反。例如，微软公司为企业提供两种获取企业电子邮件的方式——在“云”端使用 Office 365，或者在企业内部使用 Exchange。一项研究发现，Exchange 崩溃的概率是 Office 365 的 3.5 倍，相当于 Exchange 每年的崩溃时间比 Office 365 多 9 小时。

如果内部部署计算不如云计算，那么 App 开发商的最佳选择就是只使用云计算，并接受偶尔出现的崩溃。当然，AWS 和 Azure 等云服务提供商应该在服务器崩溃时立即通知客户，迅速解决问题，并尽力确保此类崩溃事件不再发生。

对于如何处理（以及没有处理）云服务提供商的服务器崩溃事件的案例，让我们快速回到上面 AWS 崩溃的例子。AWS 之所以受到批评，是因为在服务器崩溃期间，它的监控系统显示一切正常。具有讽刺意味的是，在 AWS 上运行的监控系统同时出现了故障。但是值得赞扬的是，亚马逊公司进行了安全检查，以限制这类可能由打字错误造成的事故，并在整个系统中进行了广泛的安全检查。

这又回到了我们最初的问题：一个错字怎么就能导致 20% 的网站崩溃？因为有 20% 的网站在 AWS 上运行，当 AWS 因为那个致命的错误不得不重新启动时，运行在 AWS 上的这些网站也崩溃了。

尽管存在这个巨大的缺陷，但云计算仍然是一个很好的工具，可以帮助企业节省资金，提高网站的可靠性，并更快地扩大网站规模。同时，它可以使消费者的生活更加方便。

第 6 章

大数据

人类制造了数量惊人的数据。正如谷歌公司的联合创始人埃里克•施密特在 2010 年所说：“现在，我们每 2 天创造的数据量是从文明诞生之时到 2003 年产生的数据量的总和。”也就是说，我们每 2 天创建 5 万亿 GB 的数据量。这就好比地球上的每个人每天都能将存储空间为 512GB 的 iPhone 存满。（请注意，这句话是在 2010 年说的！）

这是海量的数据，或者，就是技术专家所说的“大”数据。企业正在利用大数据重塑技术和企业自身，正如一位分析师说的：“数据是 21 世纪的‘石油’。”何以见得呢?

塔吉特百货公司是怎么比少女的父亲更早知道她怀孕的?

在 2012 年，美国明尼苏达州的一位父亲吃惊地发现，信箱里放着塔吉特百货公司寄来的孕妇用品优惠券。由于这些优惠券是寄给他十几岁的女儿的，他非常愤怒。他冲进最近的塔吉特百货商场，质问商场经理是否在鼓励他只有十几岁的小女儿怀孕。经理当时就道了歉，几天后，他甚至再次打电话为此事道歉。

但在电话里，这位父亲的声音听起来很尴尬。“我和我女儿谈过了。”他说，“事实证明，我完全没有意识到我家发生的某些事。她的预产期在 8 月。我应该向你道歉。”

塔吉特百货公司居然比少女的父亲更早发现她怀孕了！它是如何做到的呢？答案是：利用大数据。

零售商知道，上大学或开始一份新工作等生活中的重大事件往往会带来新的购买需求，它们希望能利用这些需求。例如，吉列公司在男孩 18 岁生日时免费赠送他们剃须刀。对于零售商来说，怀孕也是顾客在生活中的重大事件，因为准妈妈们要购买婴儿服装和配方奶粉等物品，将花费数百美元。新生儿出生的信息通常也是公开的，所以新父母们通常会收到非常多来自不同零售商的优惠信息。为了脱颖而出，塔吉特百货公司等零售商就需要抢占先机，例如，提前找到处于怀孕期的孕妇并向她们推销，那时她们需要购买孕妇服装和产前维生素等物品。

因此，零售商需要预测怀孕或其他导致新的购买习惯的情况。为此，它们试图在收集的顾客数据中找到可利用的模式。例如，假设你注意到，有 18

岁左右孩子的顾客一般都会在秋季购买宿舍用品，这可能是因为他们的孩子即将进入大学。所以，零售商可以在每年夏天开始时向有18岁孩子的人发送家具和学校宿舍用品的优惠券，为秋季入学销售做好准备。这比随机发送优惠券更有可能带来销售。

了解你

但是零售商是如何收集顾客数据的呢？许多零售商是利用免费发放的会员卡或储值卡。当你购物时，收银员会扫描你的卡。通过跟踪你购买的物品，它们可以为你提供定向优惠券。然而，最大的两家零售商，沃尔玛和塔吉特百货公司没有这两种卡（它们不是利用这两种卡来收集数据的）。沃尔玛和塔吉特百货公司为顾客结账时使用的信用卡分配了一个独特的代码，它们通过跟踪该代码来了解顾客的购买历史，然后定向分发优惠券。塔吉特百货公司将自己的这种代码称为“顾客ID”。

然而，不仅仅是购买历史，塔吉特百货公司可以将更多信息链接到你的顾客ID上。

塔吉特百货公司的顾客数据部主管安德鲁说：“如果你使用信用卡或优惠券，填写调查问卷，发送退款邮件，呼叫客户服务热线，打开我们发送给你的电子邮件，或访问我们的网站，那么我们都会记录你的行为信息，并将其链接到你的顾客ID上。”

一些人口信息，如你的年龄、种族和地址等都记录在你的顾客ID上。塔吉特百货公司会通过你的房子的市场价格来估计你的薪资水平；当你结婚时，它还利用公开数据推测你孩子的出生时间。

预测怀孕

可以想象，塔吉特百货公司在每个顾客ID上链接了大量的数据。塔吉特百货公司可以利用这些顾客数据进行建模、预测。例如，塔吉特百货公司发现，突然购买大量无味乳液的女性很可能处于怀孕期，因为过去有相似购物行为的女性都在购物几个月后生了小孩。孕妇也可能购买补充锌、钙和镁等微量元素的补品。

后来，塔吉特百货公司确定了25种购买习惯。当综合分析这些购买习惯时，塔吉特百货公司会为每位女性顾客评估一个“怀孕预测”分数。通过运用这个“预测分析”解决方案，塔吉特百货公司预测女性顾客是否怀孕的准确率可高达87%。塔吉特百货公司甚至可以大致预测女性顾客的分娩日期。正如发生在美国明尼苏达州的例子所揭示的，塔吉特百货公司甚至可能比少女的父母更早知道他们的女儿即将成为母亲！

这种技术帮助塔吉特百货公司的母婴板块快速增长，并助推了塔吉特百货公司的整体业绩。但像塔吉特百货公司这样的零售商也面临着一项挑战，即如何在利用自己顾客的购物数据时不让顾客觉得恐惧。许多夫妇在发现妻子怀孕不久后便收到塔吉特百货公司寄给他们的与孕妇产品相关的优惠券，这使他们非常震惊。有些夫妇甚至因此不再去塔吉特百货公司购物。因此，塔吉特百货公司的促销活动开始变得更加具有隐蔽性。它仍然会邮寄产前维生素券，但会把它们夹在其他优惠券或促销传单中，如夹在木炭券和割草机广告之间，以使自己的定向广告显得不那么有针对性。

零售商不是凭直觉猜测顾客想要什么。在大数据时代，它们利用冰冷的、真实的数据来推测和预知。

谷歌等大公司如何分析大数据？

如前所述，塔吉特百货公司拥有数亿名顾客的数据。但是它如何分析这些数据以创建像怀孕预测分数这样的指标呢？这个分析过程不可能像某些分析师在笔记本电脑上打开Excel文件进行数据分析那样简单。毕竟，要分析的数据量太大，无法在一台计算机上进行存储或分析，即使是性能最强大的计算机。想象一下，在一个四功能的袖珍计算器上将2个500位的数字相乘，无论这个计算器的性能有多好也是做不到的。

让一台超级计算机强大到能够处理所有海量数据的话，要付出的成本太高了。可行的办法是将数据和要进行的计算分解成更易于管理的数据块，并将这些数据块分配给大量普通的计算机。然后让这些计算机同时工作，等到最后一台计算机完成数据计算时，你只需将所有的计算结果组合成最终答案即可。

打个比方，假设你想计算你所在城市的人数。一种方法是，自己亲自数一数所有的人，但这种方法耗时太长。另一种方法是，你可以在每个社区里安排一个朋友，让他们数一数他们在那个小区域里看到的人。然后每个朋友向你报告自己统计的人数，当最后一个朋友提交给你他统计的人数时，你把每个朋友提交的人数加起来，总数就是你想知道的答案。这比你自己一个一个数人头要快得多，因为你的朋友们同时在处理更小的、耗时更短的任务。（一个有趣的史实是，这就是罗马帝国进行人口普查的方式。）

MapReduce

谷歌公司在其著名的“MapReduce”算法中应用了上述策略，即“Map”步骤是你的朋友计算每个社区的人数，“Reduce”步骤是你将朋友得到的结果相加。

流行的大数据工具Hadoop就利用了MapReduce算法。Hadoop的工作原理是，公司将所有数据存储在一组常规的服务器上，然后运行Hadoop来处理数据，在这个过程中并不需要超级计算机！这种方法的妙处在于，这组服务器并不需要直接的物理连接，要处理更多的数据，只需添加更多的服务器即可。Hadoop 正在迅速成为行业标准。除了塔吉特百货公司，奈飞公司、eBay 公司和脸书公司等也在使用 Hadoop。事实上，一项分析预测，到 2020 年，80% 的财富 500 强企业将使用 Hadoop。

简而言之，分析大数据不是使用 Excel 做数据处理，它比一般的数据处理要复杂得多。为此，你需要使用专门的工具和技术。大数据分析至关重要，它应当是十分严谨的，以至于催生了数据科学这个全新的研究领域。

为什么亚马逊上的商品价格每10分钟就会变化？

对亚马逊上的商品价格不满意？等 10 分钟吧，它可能发生变化。

亚马逊上的商品价格每天会改变 250 万次，这意味着亚马逊上的所有商品平均每 10 分钟就会改变一次价格。这是沃尔玛和百思买的 50 倍！不断变化的商品价格有时惹恼了一些用户，尤其是当他们刚刚买完就发现商品的价格降低时。但是，价格的变化帮助亚马逊提高了 25% 的利润。

亚马逊是怎么做到的？这是因为亚马逊拥有大量的数据。它有 15 亿种待售商品和 2 亿用户。由此，亚马逊拥有 10 亿 GB 大小的商品数据和用户数据。如果把亚马逊的所有数据存储在容量为 500GB 的硬盘上，然后将这些硬盘摞起来，其高度将是珠穆朗玛峰的 8 倍多。这就是“大”数据。

有了这些数据，亚马逊每隔 10 分钟就会分析顾客的购物模式、竞争对手的价格、利润率、库存及其他因素，以便为自己的商品调整价格。通过这种方式，亚马逊可以确保商品的价格总是有竞争力的，并且能获得更多利润。

通过大数据分析，亚马逊发现了一个有效的策略，那就是将热销商品的价格调到低于竞争对手的售价，同时提高非热销商品的价格。例如，对畅销书进行打折销售，同时提高非畅销书的价格。亚马逊认为，大多数人在大多数时候会搜索热销的商品，当发现这些商品在亚马逊上更便宜时，他们会认为亚马逊的整体价格更便宜。这将吸引用户在亚马逊上购物，让他们为将来购买不太热销的商品支付更多的钱。

数据驱动的建议

亚马逊公司还有许多其他利用数据赚钱的方式。例如，亚马逊会根据你和其他用户的购买历史，不断地向你推荐商品。你可以看看亚马逊上的“与你浏览过的商品相关的推荐”和“浏览此商品的用户也同时浏览”栏。亚马逊甚至利用你在 Kindle 上高亮显示的词语来预测你要买什么。

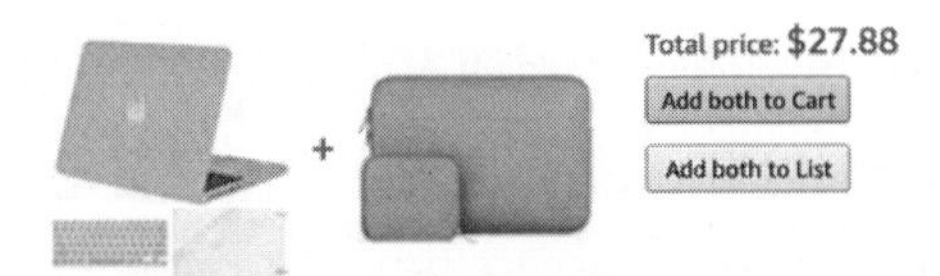

亚马逊的“经常一起购买的商品”部分利用之前购买此类商品的用户的购买历史来向你推荐商品。
来源：亚马逊网站

亚马逊会利用之前购买者的购买模式来向用户提出建议。例如，假设亚马逊注意到数百万名用户同时购买过花生酱、果冻和面包。因此，当你在亚马逊上购买花生酱和面包时，亚马逊会利用它总结的购买模式，向你推荐果冻。

亚马逊在预测你想买什么后所进行的操作远不止向你推荐购买某种商品。亚马逊有一项叫作“预期运输模式”的专利技术。当亚马逊预测你会买某种商品时（所利用的预测方式与塔吉特百货公司预测女性分娩时间的方式相似），它会把该商品运送到你附近的仓库，当你在亚马逊上下单时，它就能迅速地、经济地将商品递送给你。

正如你所看到的，大数据具有巨大的经济价值，《纽约时报》曾将其与黄金相提并论。

公司拥有这么多数据是件好事还是坏事？

通常，当公司利用大数据提高效率时，没有人会指责它们。例如，UPS[1]公司曾利用卡车传感器收集的数据优化送货路线，从而节省了 5 000 万美元，只不过当时没人在意。（有些人甚至仅注意到 UPS 公司节省了汽油！）

但当公司收集个人数据时，如塔吉特百货公司等零售商开始收集大量顾客数据时，就会引发争议。大数据让公司可以创建定向广告并进行有针对性的推荐，这是非常有利可图的。谷歌公司和脸书公司的大部分收入都源自定向广告，奈飞公司也称其推荐系统通过留住用户每年为它节省了 10 亿美元（吸引新用户的成本非常高）。但是，这对消费者有帮助吗？

一方面，定向广告和有针对性的推荐对我们是有益的。虽然塔吉特百货公司可能通过发送定向优惠券来赚钱，但是这些优惠券同时会节省我们的时间和金钱。尽管奈飞保存了很多我们的播放记录，但奈飞向我们推荐的电影和电视剧一般都合我们的口味。

另一方面，隐私保护主义者对大公司过度收集个人数据感到愤怒。前面提到过，塔吉特百货公司知道你的婚姻状况、家庭地址和薪资水平，然而你

1 UPS是世界上最大的快递承运商与包裹递送公司，同时也是专业的运输、物流、资本与电子商务服务的领导性的提供者，总部设于美国华盛顿州西雅图市。

可能不会把这些信息随便告诉街上的陌生人。如果一家拥有如此多个人数据的公司遭到黑客攻击，这将是极其可怕的。2013年，黑客窃取了塔吉特百货公司4 000万名顾客的信用卡号码数据和7 000万名顾客的个人信息，包括姓名、电子邮件和邮寄地址。这7 000万名顾客的身份信息很有可能被暴露。同样的事情不仅发生在塔吉特百货公司身上。2013年，雅虎公司的30亿个账户遭到黑客攻击，黑客窃取了用户的生日信息和电话号码。2017年，黑客攻击了信用报告机构Equifax[1]，获得了1.43亿美国人的社会安全号码。

许多公司辩称，它们已利用匿名数据来保护用户的身份信息。但是，匿名数据可以用来逆向破解我们的身份信息。例如，麻省理工学院的一项研究发现，仅仅获知4次信用卡刷卡日期和消费地点就足以确定90%的接受测试者的身份信息。另一项研究发现，通过奈飞和IMDb的匿名用户数据也可以破解用户身份信息。

那么大数据的应用是正面的还是负面的呢？就像许多关于科技的争论一样，答案并不是非黑即白的。虽然大数据让公司的效率更高，产品的销售更多，但它也对个人的隐私安全造成了威胁。但不管我们喜不喜欢，大数据只会越来越“大”，适用范围也会越来越广。

1 Equifax创立于1899年，是美国三大信贷机构中最年长的机构，也是一家消费者信用报告机构。

第 7 章

黑客和安全

黑客诈骗的招数可谓花样百出。曾几何时，有很多自称尼日利亚王子（或其他地方的王子）的人会给你发来电子邮件，告诉你他们需要你帮忙转移“大笔资金”。他们说，这样做可以让你获得佣金，但实际上他们会把你的银行账户掏空。如今，这样的骗局已经很难得逞了，但我们时刻不能松懈。因为，黑客也变得更加能干和狡猾。

那么，网络犯罪分子的伎俩又有哪些新花样呢？对此，我们能做些什么呢？

犯罪分子是如何用你的计算机要挟你以索取“赎金”的？

2017 年 5 月，名为 WannaCry 的新型恶意软件在全球 150 个国家中肆虐，导致数千台计算机无法使用，造成约 40 亿美元的损失。英国国民健康服务体系因此瘫痪，许多重要的外科手术被迫停止。让我们通过 WannaCry 认识一下勒索软件吧，勒索软件是一种新型的恶意软件，或者说是一种非常危险的恶意软件，它可以感染计算机并危害他人。接下来，我们将仔细探究 WannaCry 这类勒索软件，毕竟只有做到知己知彼，方能百战不殆。

勒索软件

像 WannaCry 这样的勒索软件会侵入你的计算机，锁住你的文件，并且威胁说除非你付钱给幕后的犯罪分子，否则就不给你开“锁”的钥匙。

勒索软件会通过电子邮件的附件或不安全的下载文件侵入你的计算机。这种勒索软件通常利用操作系统中的漏洞，使攻击者可以在你的计算机上运行任何代码。例如，WannaCry 就利用了 Windows 操作系统中的一个漏洞（有趣的是，这个漏洞最初是由美国国家安全局发现的）。这就好像建造房子的人在其中一把门锁上犯了个错误，致使发现了此错误的小偷能轻而易举地破门而入。

勒索软件一旦侵入你的计算机，就会运行一个程序，以对你所有的个人文件进行加密。这种加密会把文件的内容弄得乱七八糟，导致人们和应用程序都无法理解文件中的信息。当然，每种加密方式都有一个特殊的密钥来解密，如果你有这个“密钥”，就可以恢复被加密的文件。例如，我们可以将“我们草坪上见”（Meet me on the lawn）的信息编码为“Zrrg zr ba gur ynja”。对于这串字符，如果我们不告诉你解密的方法，也就是将所有的字母向后移动 13 位（a 变成了 n, b 变成了 o, c 变成了 p，等等），那么这串字符没有任何意义。一旦你按照解密方法处理上述那串字符，“我们草坪上见”这一原始的信息就恢复了。

因此，勒索软件会加密你所有的文件，但拒绝告诉你密钥。黑客说，如果你付钱给他们，他们会给你密钥和能解密所有文件的程序。如果你不这样做，他们会威胁你，即永远删掉密钥，这意味着你的文件将全部丢失。

勒索你的犯罪分子会如何让你给他们付钱呢？你肯定不能给犯罪分子开张支票或用 Venmo 支付，因为这样一来，人们就会知道他们是谁，政府的相关部门就可以打击这些犯罪分子。相反，勒索你的犯罪分子会要求通过匿名的在线货币，如比特币，进行支付。比特币有点类似匿名版的 Venmo。任何人都可以把钱发送给其他人，但人们的身份是由名为“比特币地址”的匿名代码所识别的，而不是用户名。

要解密你的文件，你需要访问比特币交易网站，该网站可以让你把美元（或任何法定货币）兑换成比特币，也可以把比特币兑换成美元，就像你可以在银行里把美元兑换成其他货币一样。比特币与法定货币之间也存在“汇率”，正如美元与外币之间存在“汇率”那样，但这种汇率很容易出现波动。WannaCry 索要的赎金是当时价值 300 美元的比特币。

然后，你可以使用一个名为“钱包”（类似于 Venmo）的专用 App，将比特币支付给犯罪分子。然后，犯罪分子会承诺，他们会给你解密文件的密钥。正常情况下，你就可以使用密钥恢复你的文件了。

如果你不幸是勒索软件的受害者，我们建议你不要支付赎金。事实上，如果你真的支付了赎金，你可能是在资助一个庞大的网络犯罪集团。

犯罪分子变得更加专业

勒索软件的“经济效益”导致了一些非常奇怪的现象。由于这些犯罪分子都是匿名的，并且在你解密文件之前就拿走了你的钱，所以从理论上说，犯罪分子可以拿走你的钱而不给你解密密钥。

然而，大多数勒索软件行当的犯罪分子还是讲“江湖道义”的，他们往往会在收到赎金后把密钥给你。这是为什么呢？因为犯罪分子意识到，他们赚钱的唯一途径就是人们支付赎金。只有当人们相信黑客会解密他们的文件时，他们才会支付赎金。

奇怪的是，这反而导致了犯罪分子拥有优秀的客户支持，有时，他们甚至配有呼叫中心，以及与其受害者进行在线聊天的系统。犯罪分子甚至还雇用设计师来进行网页装饰，以便让他们的网站看起来更有吸引力。犯罪分子知道，他们需要与受害者建立一定的“信任关系”。尽管对于那些敲诈你、威胁要毁掉你文件的犯罪分子来说，信任这个词可能早从他们的字典里删除了。

谁有风险

对于犯罪分子来说，企业、医院和政府部门这类大型组织是特别诱人的目标，主要是因为这类组织的 IT 部门更新软件和操作系统的速度通常很慢。旧的操作系统往往由于没有持续更新或更新得很少而具有更大的安全隐患。

为了解决这个问题，微软公司通常会迅速发布安全更新补丁来阻止勒索软件等恶意软件。在 WannaCry 的事件中，微软公司发现了可被恶意软件利用的 Windows 操作系统漏洞，并且将修补该漏洞的安全更新补丁免费提供给用户。Windows 操作系统的大部分补丁安装是可自行选择的，但无论 Windows 用户是否愿意，微软公司都会强制他们进行一些关键的安全更新。

为了防范恶意软件，你可以定期将文件备份到“云”上，这样犯罪分子就无法通过对本地文件加密的方式来向你索要赎金。你也可以使用防病毒软件，定期扫描下载的文件以查找恶意软件。然而，最好的防御方法是采取积极主动的应对方式。

一些组织已经开始完全抛弃传统的操作系统，因为这些系统的“受攻击面”太大，即系统中存在很多恶意软件可以侵入的漏洞，例如，通过下载的文件和可安装的应用程序。谷歌公司推出的网络笔记本电脑 Chromebook[1] 所使用的操作系统 ChromeOS 在安全意识强的用户中尤其受欢迎，因为它实际上只是一个 Web 浏览器，不提供传统的可安装应用程序（这通常是恶意软件的主要入口）。此外，在 ChromeOS 中的每个浏览器标签页都在一个“沙盒”中运行，这意味着网页内容不能触及计算机的任何其他部分。但是，这不意味着 Chromebook 笔记本电脑就绝对安全，它仍然存在安全漏洞，也会受到攻击，这些攻击可能来自加载了恶意软件的插件，以及类似网络钓鱼等形式的骗局。

犯罪分子是如何在网上进行不法交易的？

2013 年，美国政府关闭了一个名为“SR 黑市”的网站，这是一个类似于电商平台的非法网站。该网站出售毒品、假护照、枪支等，你甚至还能在该网站上雇用职业杀手。在两年多的时间里，该网站出售了价值超过 10 亿美元的违禁品，但只有少数买家和卖家被抓获。遗憾的是，SR 黑市的关闭并不是网上非法交易的终点。从那以后，非法在线市场如野火般蔓延开来，大有燎原之势。

这些非法市场是如何运作的呢？犯罪分子是如何在非法市场上进行交易的呢？为什么执法部门无法剿灭他们呢？让我们来一窥究竟。

1 Chromebook是谷歌公司推出的笔记本电脑。

深网和暗网

可以想象，SR 黑市及其后续网站的运作方式不可能与正规电商平台完全一样。如果交易双方都把自己的名字与他们所做的每笔非法交易联系起来，执法人员要找到他们就太容易了。相反，这些网站上的买家和卖家都是匿名的。但这还不够，对于专业人员来说，通过计算机的唯一 IP 地址也足以识别使用该计算机的用户。因此，为了确保完全匿名，SR 黑市不得不打乱用户与网站之间的所有通信。

当然，我们每天浏览的“正常”互联网并非如此。而 SR 黑市和其他非法市场则不得不求助于一对相关的概念，即“深网”和“暗网”。这也是执法部门需要密切关注之处。

我们首先要介绍的是深网。深网包含了所有在互联网上通过谷歌搜索等搜索引擎无法找到的信息。当你在某些网站上提交请求时，网站服务器会响应你的操作，并且返回一个动态生成的网页。这时，你访问的这个动态网页就是某种意义上的深网。例如，你可以看到你朋友的脸书帖子，但它们不会出现在搜索结果中。很多保存在谷歌云端硬盘中的文件、医疗记录、法律文件等也都不会出现在搜索结果中。有些人大胆估计，深网比我们通过谷歌搜索发现的“清晰”网络要大 500 倍。

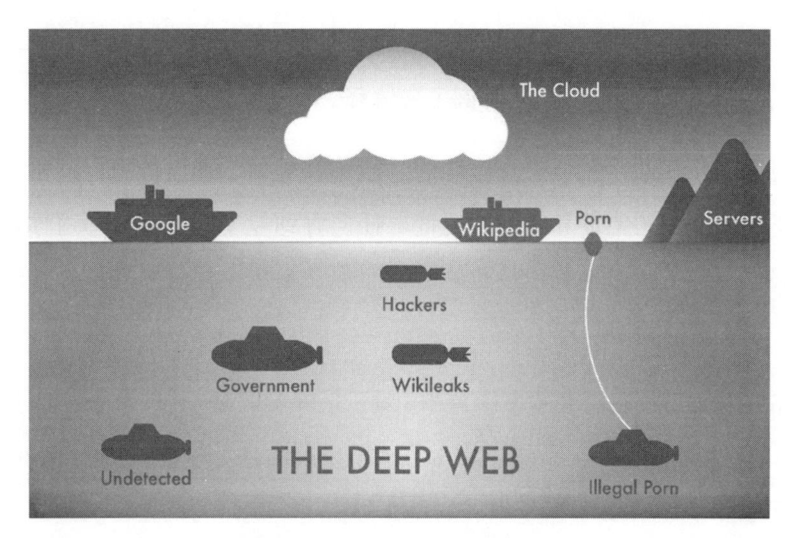

深网的示意图。来源：AppIoidWiz

深网本身并不代表 SR 黑市背后的关键创新。既然如此，我们再来审视一下暗网。暗网是深网的一个子集，如果没有加密所有通信和匿名 IP 地址的特殊软件，你就无法访问它。暗网有很长且奇怪的网址（以“.onion”结尾），并且拒绝任何不使用特殊软件的访客。像 SR 黑市这样的非法市场使用的就是暗网，因此，在其网站上的所有活动都无法被跟踪。事实上，你甚至无法知道暗网的服务器被放置在哪里，这使得暗网中的非法活动很难被有效打击。然而，编程错误会泄露暗网的服务器的 IP 地址，顺便说一句，这正是导致 SR 黑市灭亡的原因。

用 Tor 访问暗网

任何人都可以访问暗网，虽然有人通过暗网做了违法的勾当，但访问暗网并不是非法的。你只需要一个像“Tor”这样的可以进行特殊加密和匿名的软件，Tor 是“The Onion Router”（洋葱路由，也被称为洋葱头）的缩写。

通常情况下，当你的计算机连接到一个网站时，你的计算机会公开申明它的身份和它要访问的网站，这使得跟踪每个人访问的网站变得很容易。但是 Tor 是不同的。我们将用一个例子来解释。

假设你住在西雅图，想寄一些薯片给你在费城的朋友威廉。通常，你会在包裹上写上你的地址和威廉的地址。任何看到包裹的人都会知道你要给威廉寄东西。但是，如果薯片是非法的，而你又不想让任何人知道你在给他寄薯片，你该如何做呢？

你可以使用相互嵌套的多个盒子。对于最外层的盒子，我们称为 1 号盒子，地址写的是“从西雅图到丹佛”。在 1 号盒子里放的是 2 号盒子，地址写的是“从丹佛到芝加哥”。在 2 号盒子里放的是 3 号盒子，地址写的是“从芝加哥到费城的威廉”。你的薯片放在 3 号盒子里。在 1 号盒子上，你留个便条，注明“打开这个盒子，邮寄 2 号盒子”。在 2 号盒子上，注明“打开这个盒子，邮寄 3 号盒子”。

在西雅图，你把这个大包裹（1 号盒子）通过邮局发出。丹佛邮局的员工收到包裹后，他们会尽职尽责地把 1 号盒子拆了，把 2 号盒子邮寄出去。当 2 号盒子到了芝加哥邮局后，芝加哥邮局的员工打开盒子，再把 3 号盒子邮寄出去。最终，那个盒子会送到威廉那里。

这个过程很复杂，但是它完全将你的通信匿名化了。没有一个邮局知道给威廉寄东西的人是你。西雅图邮局认为你有东西寄往丹佛，丹佛邮局认为你有东西寄往芝加哥，而芝加哥邮局只知道丹佛有人寄东西给威廉。

Tor 就是这样工作的，它将你的通信内容封装在几个加密层中，并且将其在许多“中继”计算机之间来回跳转，每个中继计算机只知道传输链中的上一台计算机和下一台计算机。这样一来，任何人都不可能跟踪 Tor 上的通信。据报道，就连美国国家安全局对此也颇为头疼。

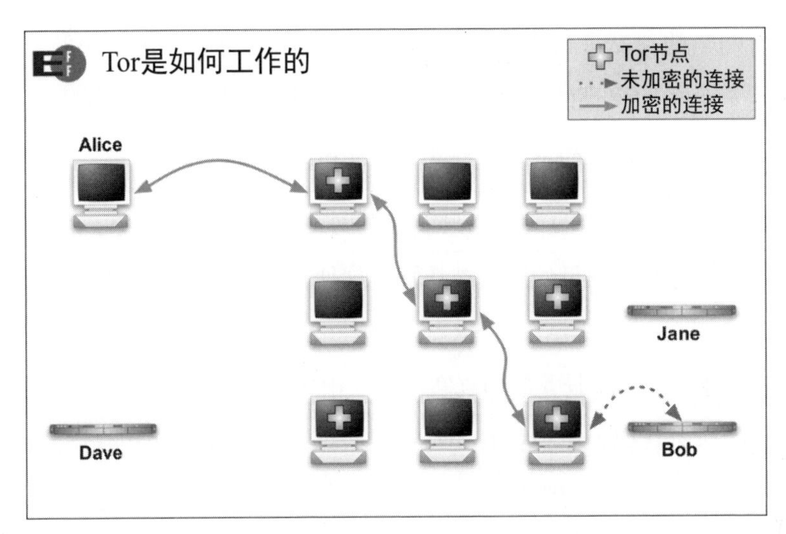

Tor 通过几个随机选择的中间计算机进行互联网通信，这使得要跟踪你访问过的网站几乎是不可能的。来源：电子前沿基金会

如何打击黑市

正如我们之前提到的那样，大多数暗网的网址都是创建者故意让人难以记住的。例如，非营利新闻调查组织 ProPublica 就有一个暗网网址“propub3r6espa33w.onion”。是的，从事合法业务的正规网站也可能使用暗网！

因为很难记住暗网的地址，还因为没有针对暗网的搜索引擎，浏览暗网的人会在名为“The Hidden Wiki”的网站上开始搜索。从技术上讲，有很多与之竞争的网站也使用了这个名字，但没有正式的官方网站。“The Hidden Wiki”网站上有一些暗网的地址，人们可以借此找到他们需要的站点。

访客一旦进入了像 SR 黑市这样的非法市场，使用体验就和在亚马逊上购物没什么不同了（当然，除了打折商品）。你可以看到卖家的个人资料、产品图片和买家留下的评论。

为了保持匿名性，在黑市上的所有交易都使用比特币等匿名货币。在黑市，为所购买的商品进行支付可不像直接付款那么简单。相反，买家要先把钱支付到一个集中管理的“代管”账户，这些钱暂时由该账户托管，直到买家确认他们已经收到商品，这些钱才会被支付给卖家。

请注意，所有黑市的交易都只能通过网站进行，可以想象，在任何特定的时间段，都有相当数量的资金被托管。这种“中心化”最终成为 SR 黑市的唯一的致命弱点。2013 年，由 SR 黑市创建者所犯的一些编程错误致使联邦调查局发现了 SR 黑市服务器的真实位置。由于这些服务器中存储了 SR 黑市网站背后的所有代码，以及托管比特币的数据，SR 黑市立即就被封杀了。这是执法部门的一次巨大的胜利。

遗憾的是，之后又有许多山寨的 SR 黑市网站如雨后春笋般冒了出来，想要把它们都一网打尽非常困难，就像玩打地鼠的游戏一样。一个名为“SR 黑市 2”的衍生网站在 SR 黑市被取缔后立即冒了出来。2014 年，当 AlphaBay（类似 SR 黑市）也被取缔后，另一个名为 AlphaBay 的市场又出现了。新的 AlphaBay 于 2017 年 7 月被查封，但安全专家们担忧，一个更危险的、反侦察能力更强的黑市可能正在酝酿之中。

黑市不可战胜吗?

再来看看 OpenBazaar 吧，它是一个在 2017 年加入暗网的在线市场。与 SR 黑市只有一个中央服务器不同，OpenBazaar 是完全“去中心化”的，即每笔交易都直接发生在买卖双方之间。这就像去跳蚤市场而不是超市购物。跳蚤市场是去中心化的，买家和卖家直接交易。而超市则是中心化的，卖家把商品卖给超市，超市再把商品销售给买家。如果你毁了超市，那么没有人能买卖任何东西。但要搞垮跳蚤市场，唯一的办法就是搞垮每个卖东西的小贩。如果说 SR 黑市像一个超市，那么 OpenBazaar 就像一个跳蚤市场。

在 OpenBazaar 上交易时，每个 OpenBazaar 用户都需要下载一些特定的软件以便可以与同样使用该软件的其他用户交谈。这是一种一对一的联系方式，买卖双方都不需要连接到一个中心网站。当买卖双方接上头时，他们可以直接讨价还价并进行交易。OpenBazaar 不设置中心化的服务器（用来存储比特币的托管系统），而让买卖双方自行选择支付平台或第三方来调解纠纷。

简而言之，因为 OpenBazaar 没有中央机构，如果不查封运行 OpenBazaar 软件的每台计算机，执法部门就无法将 OpenBazaar 完全摧毁。所以，摧毁 OpenBazaar 几乎是不可能的。OpenBazaar 的创始人表示，他们不会对其网站上销售的商品进行监管。事实上，考虑到 OpenBazaar 所采用的分布式模式，OpenBazaar 的运营者可能也无法对其网站上销售的商品进行监管。很显然，对违法行为放任自流是一个激进的想法，也是一个危险的想法。

合法使用暗网

当你听说的有关暗网的故事都与犯罪行为有关时，很容易忘记它还有合法的用途。毕竟，暗网只是匿名浏览互联网的一种方式。

一些主流网站已经开始通过提供暗网来保护他们的用户。例如，在 2014 年，脸书令其网站可以通过暗网访问，这将使一些在网络受限地区的用户也能访问脸书。2016 年，非营利组织 ProPublica 创建了一个暗网网站，以帮助用户避开跟踪他们消费行为的定向广告软件。

对于用来访问暗网的软件 Tor 来说，它只不过是个增强隐私的网络浏览器。Tor 项目组列出了一些可以从 Tor 所提供的匿名性中获益的人群：

- 个人使用 Tor 可以阻止网站跟踪他们及其家人的浏览记录，或者更安全地连接到新闻网站、即时通信服务，等等。
- 个人使用 Tor 可以进行私密交流，如主题为疾病、家庭虐待等内容的聊天室和网络论坛，等等。

- 记者使用 Tor 可以更安全地与线人进行沟通。

最后，需要提及的是，虽然比特币在暗网中被大量使用，但它不是暗网的一部分。比特币是一种独立的技术，有很多合法的用途。比特币的支持者辩称，比特币保护了买家和卖家的隐私，而且由于比特币不是由哪个政府所发行的，使得比特币不太容易受到政策的影响。但一些人担心，如果普通用户仍然难以掌握比特币，它仍将是犯罪分子主要使用的工具。

简而言之，对于比特币、Tor、暗网来说，这些技术本身都不是非法的。虽然许多犯罪活动都使用了这些技术，但我们同样也可以合理地利用它们，因为只有了解它们，才能发现它们，从而才能更有效地打击网络犯罪。

WhatsApp如何对你的信息进行彻底的加密，以至于连WhatsApp自己都无法读取它？

无论是登录像推特这样的网站，是通过 Gmail 邮箱发送电子邮件，还是从亚马逊购买商品，在很多情况下，你都希望能对自己的通信进行加密，这样监听者就无法发现有关你的敏感信息。为此，你可以使用一种名为 HTTPS 的技术，它可自动对计算机和网站服务器之间来往的所有信息进行加密。

但需要注意的是，即使你的信息在计算机和服务器之间是加密的，服务器也可以解密并读取你的信息。有时，这是必要的。例如，在进行线上交易时，亚马逊需要解密并读取你的信用卡号码，否则系统无法完成支付操作。但有时，公司可能将解密的个人数据用作其他用途，这种方式显然会让用户感到不安。例如，谷歌公司曾经“阅读”你 Gmail 邮箱中的电子邮件，以向你投放定向广告。据我们所知，至少要到 2017 年，谷歌公司才逐渐收手。其他潜在的危险是，如果某家公司能够解密你的信息，那么其他公司也可能通过一些手段来获得这些信息。

因此，即时通信软件 WhatsApp 在 2014 年推出了“端到端加密”[1]的加密方式，这一举措受到了广泛赞誉。没错，WhatsApp 及其母公司脸书公司都无法获悉你的聊天内容！隐私保护主义者们对此举感到颇为兴奋。那么，WhatsApp 究竟是如何将信息加密得如此之好呢？

你收到了（加密的）快件

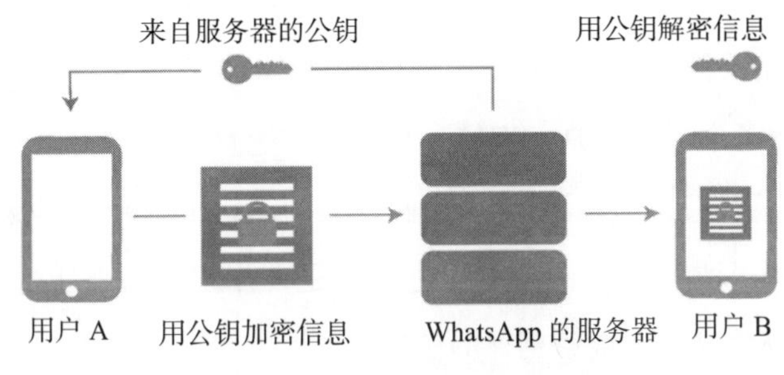

在 WhatsApp 中，端到端加密的工作原理。来源 :《连线》杂志

为了解释端到端加密，让我们使用一个类比。假设在一个虚拟的国家里，邮局“患有”某种强迫症，它总是试图打开任何通过邮局寄送的包裹。我们可以想象，那里的市民肯定都很不高兴，但是他们如果想要把东西寄到很远的地方，除了邮局别无选择。因此，市民们想出了一个聪明的办法，以确保除包裹的收件人外，没有人能打开包裹，甚至连邮局的工作人员也不行。

为此，每位市民都打造了一把钥匙和数百把只能使用该钥匙打开的锁。每位市民都把钥匙放在家里的一个安全的地方，但他们把锁分发给全国各地的家得宝等五金店。

假设你生活在这个虚拟国家中,想给你的朋友玛丽亚发送一个盒子。这时，你可从当地的五金店里拿出一把玛丽亚的锁，把它锁在盒子上。当你把这个盒子寄给玛丽亚时，邮局会试图打开它。当然，由于没有钥匙，邮局无法打

1 端到端加密只允许你和你的聊天对象解密信息。

开它！但是，当玛利亚拿到盒子的时候，她可以打开它，因为她有唯一对应的钥匙可以打开盒子上的锁。

这个系统是安全的，因为只有指定的收件人才能打开这个盒子。这个方法也很聪明，因为任何人都可以寄东西给其他人，而双方不必提前协调。当你想给别人寄东西的时候，你只需要从五金店里拿出他的锁就行了。

这也是端到端加密的工作原理。这种方法被称为“非对称加密”或“公钥加密”。使用这种方法时，每个用户都被赋予一把“公钥”和一把“私钥”。在玛丽亚的例子中，公钥是一把锁，私钥是一把真正的钥匙。每条信息都使用收件人的公钥加密，并且只能使用收件人的私钥（有时也需要配合一些数学运算）解密。所有的加密和解密过程都是在用户的设备上完成的，所以 WhatsApp 团队完全不可能解密你的信息。

双刃剑

对于任何重视隐私的人来说，端到端加密都是一次胜利。新闻工作者对端到端加密尤其感兴趣，因为随着监控手段的增多，他们需要用更安全的方式与线人进行沟通。例如，一些记者开始使用 WhatsApp 等端到端加密的通信 App，以避开被爆料人的跟踪。

遗憾的是，更好的通信隐私也在某种程度上帮助了犯罪分子。例如，策划 2015 年巴黎恐袭事件的恐怖分子就使用了类似 WhatsApp 这种可加密信息 App。如果没有短信这一关键证据，执法部门将更难给这类犯罪分子定罪。

更重要的是，WhatsApp 的端到端加密技术被认为是导致 2018 年在印度发生的多起残忍暴徒杀人事件的罪魁祸首，这些事件是由在 WhatsApp 上如野火般蔓延的假新闻和谣言而引发的。由于只有发送方和接收方能够理解端到端的加密信息，因此，WhatsApp 的信息不可能被跟踪或阻止，这使得脸书和印度警方都无法阻止这些假新闻和谣言，甚至也无法查明是谁发送了这些信息。此后，脸书公司已为WhatsApp增加了一些功能，以核实信息的真实性，并且对信息的转发进行了限制，但警方仍无法知道这些信息来自哪里。

不过，有一件事是可以肯定的。无论端到端加密带来的社会影响是好是坏，这种加密方式还将继续存在。

为什么美国联邦调查局要起诉苹果公司？

2016年，美国联邦调查局（简称FBI）要求苹果公司帮助解锁加利福尼亚州圣贝纳迪诺枪击案中一名枪手所使用的iPhone。对于苹果公司来说，协助政府部门解锁枪手的iPhone似乎是理所当然的事，毕竟，从2008年到2016年，苹果公司曾帮助政府解锁iPhone超过70次。但这一次，由于苹果公司拒绝了解锁请求，FBI起诉了苹果公司。为什么会发生这样的法律“闹剧”？恐怕还是“加密”惹的祸。

在这起事件发生之前，苹果公司刚刚想办法绕过了iPhone的密码锁，并且把解锁后的文件交给了FBI。需要提及的是，苹果公司协助解锁的这70部iPhone运行的都是较老版本的iOS（iOS 7及更早版本的iOS），但圣贝纳迪诺枪手所用的iPhone则运行的是iOS 9。版本的不同带来了什么问题呢？在iOS 8中，苹果公司取消了强制绕过密码锁的功能，这使得iPhone的安全性高到连苹果公司都无计可施。

从iOS 8开始，iPhone不仅要检查用户输入的密码是否与存储的密码匹配，它还使用一个256位的代码（称为UID）混合到用户输入的密码中，这个代码是每个iPhone所独有的，只存储在iPhone中的一个安全的地方。然后，iPhone将你的混合密码与其存储的主混合密码进行比较。由于不能对这个混合密码（或“哈希”加密）进行逆向工程，因此，如果不知道存储的密码，就无法解锁并进入系统。

如果你也像 FBI 一样，不知道手机密码但又想打开手机，你唯一的选择就是随机猜测密码，这也被称为暴力破解。但苹果公司也让这条路变得异常艰难。因为无法从手机中提取 UID，所以找出密码的唯一方法是采用老式的方法，也就是在锁屏界面上不断尝试输入各种可能的组合来猜测密码。而要命的是，iPhone 会在 10 次登录失败后，将设备上的所有内容都自动清除。

这让 FBI 陷入了困境。如果不随机猜测密码，他们无法打开手机，即便如此，他们也只能尝试 10 次。FBI 无法令苹果公司禁用 UID 技术，这在硬件层面上是不可能的。但 FBI 发现了一个漏洞，他们敦促苹果公司开发一个功能不全的 iOS 版本，该版本没有 10 次尝试密码的限制，并且允许 FBI 通过计算机程序而不是手动方式来输入密码，这将加快暴力破解的速度。苹果公司拒绝了 FBI 的要求，称被迫编写代码将侵犯该公司的言论自由权利。

随之而来的是一场激烈的法律纠纷。科技界担心，FBI 的胜利将开创一个危险的先河，即让美国政府有权获取它想要的任何加密数据。当然，FBI 想要的只是犯罪分子证据。

这场法律纠纷一直悬而未决，因为 FBI 在没有苹果公司协助的情况下设法破解了枪手的 iPhone。直到今天，我们仍然不知道 FBI 是如何做到的。尽管有几起诉讼要求有关部门给出解释，但美国政府仍然表示这是一个秘密不便回答。

这个故事的核心是，执法与安全的关系每年都变得越来越棘手。当 iPhone X 为解锁手机推出面部识别功能时，许多人都对此很担心，因为执法人员只需把手机举到嫌疑人面前就能立即解锁，从而破坏了整个现有的个人隐私体系。

一个欺诈性Wi-Fi网络是如何帮助犯罪分子盗取你的身份的？

你来到一家星巴克，打开笔记本电脑的 Wi-Fi 连接，匆忙发了几封电子邮件。在连接 Wi-Fi 的过程中，你会发现身边有很多开放的 Wi-Fi 网络，如“Free Wi-Fi by Starbucks”（由星巴克提供的免费 Wi-Fi）、“Google Starbucks”（谷歌星巴克）或“Free Public Wi-Fi”（免费的公共 Wi-Fi）。面对林林总总的免费 Wi-Fi 网络，你会选择连接哪一个？（在继续阅读前，请你先从其中选择一个！）

好吧，我们不卖关子了。在上述几个 Wi-Fi 网络中，只有“Google Starbucks”是由星巴克运营的正规 Wi-Fi 网络。如果你恰巧选择了另两个 Wi-Fi 网络中的一个，你很可能要遇到麻烦。黑客经常建立欺诈性 Wi-Fi 网络，并且使其看起来像正规的网络，试图欺骗人们与之连接。如果你连接到一个由黑客创建的 Wi-Fi 网络，由于该网络的路由[1]位于你和每个你想连接的网站之间，所以黑客可以读取经该 Wi-Fi 网络来回传送的每组信息。

更老练的黑客还知道，你的计算机会广播它以前连接过的网络名称，然后它会自动连接到任何它已记住名称的网络。因此，黑客可以读取计算机所记住的网络名称列表，然后通过套用你曾经连接过的网络名称，来将其 Wi-Fi 网络伪装成一个你曾经连接过的网络。这样一来，你的计算机就会自动连接到这个欺诈性 Wi-Fi 网络。也就是说，黑客可以在你没做任何操作的情况下，让你的计算机在不知不觉中连接到他们的恶意 Wi-Fi 网络。

1 路由是指路由器从一个接口上收到数据包，根据数据包的目的地址进行定向并转发到另一个接口的过程。

一旦你连入黑客创建的 Wi-Fi 网络，黑客就能看到并操纵你与网站之间所收发的每条信息。

绕过 HTTPS

你可能想问，HTTPS 不是能对所有通信进行加密吗？事实确实如此。如果你的计算机与网站之间的连接采用的是 HTTPS，那么黑客将无法理解你发送的任何信息，这时你的计算机没有安全风险。但是，即便采用了 HTTPS，黑客仍然有可乘之机。

2009 年，一名研究人员发布了一个名为 SSLStrip 的工具，它可以让攻击者欺骗你的计算机，让你的计算机通过 HTTP 而不是 HTTPS 与服务器通信。除非你查看浏览器的地址栏并注意到没有“挂锁”图标和“https”字样，否则你不会发现有什么差异。幸运的是，当怀疑受到 SSLStrip 攻击时，大多数浏览器都能够很好地发出警报，它们通常会在地址栏中用亮红色的斜杠划掉“https://”，还可能显示“这可能不是你要查找的站点”之类的报错信息。

如果黑客使用了 SSLStrip，而你恰巧没有注意到，那么你将使用的是 HTTP 而不是 HTTPS 来连接网站。为了看看这种情况有什么危险，我们不妨举个例子。

中间人

假设有一位名叫莎拉的女士在美国银行从事网上银行业务。每当她登录银行系统时，浏览器都会将她的用户名和密码发送到“https://bankofamerica.com”。发送的用户名和密码信息可以是“嘿，我是 SarahTheGreat，我的密码是 OpenSesame”。由于“bankofamerica.com”使用了连接网站的安全加密方法，即 HTTPS 协议，所以包含莎拉用户名和密码的这条信息在发送之前会被加密或打乱。只有美国银行的网站能够解密并找出莎拉的用户名和密码。如果黑客截获了莎拉发给美国银行的信息，那他得到的也只是一些他看不懂的“胡言乱语”，如“Uv, V ‘z FnenuGurTerng naq zl cnffjbeq vf BcraFrfnzr”。

现在，再假设莎拉去了一家星巴克，并且连接到某个黑客创建的欺诈性Wi-Fi网络。她试图打开“https://bankofamerica.com”。但黑客的路由器使用了SSLStrip，路由器给莎拉生成的地址是“http://bankofamerica.com”。（注意两个地址之间的区别了吗？信息是通过HTTP而不是HTTPS发送的！）一个字母的差异可能看起来没什么大不了的，但是因为莎拉现在只使用了HTTP，所以她与“bankofamerica.com”的通信没有加密。因此，当她登录银行系统并发送用户名和密码“嗨，我是SarahTheGreat，我的密码是OpenSesame”时，黑客的路由器能以纯文本的形式收到该信息，注意，该信息没有被加密！黑客可以将莎拉的用户名和密码再传递给“bankofamerica.com”，而“bankofamerica.com”不会注意到信息发送人的变化。由于黑客发送了正确的用户名和密码，所以美国银行的服务器将允许黑客登录网站。

这就是所谓的“中间人攻击”。一旦黑客让莎拉通过未加密的HTTPS进行通信，黑客就可以“监听”莎拉和美国银行之间的所有“对话”。通过获取莎拉的用户名和密码，黑客可以自行登录莎拉的账户，并且将资金转移到他的账户！

然而，这不仅仅威胁到银行业。通过“中间人攻击”，黑客还可以冒充你登录电子商务网站、电子邮件、社交网络等，由此带来的损失可能是灾难性的。

黑客使用“中间人攻击”并不总是为了赚钱。在2013年的一个著名案例中，美国国家安全局被指利用“中间人攻击”假冒“google.com”，并且监视任何访问其假冒网站的人。

保持安全：使用 VPN

“中间人攻击”之所以能取得成功，是因为公共 Wi-Fi 网络所固有的不安全性。为了做好自我保护，技术专家的建议是，使用虚拟专用网络[1]（简称 VPN）。VPN 可在你的计算机和你要访问的网站之间创建端到端的加密，这样一来，那些欺诈性 Wi-Fi 网络就不会对你造成伤害。技术专家经常说，VPN 在你的计算机和你要访问的网站之间建立了一个直接的、安全的“隧道”。简单地说，VPN 让你可以有效地将公共 Wi-Fi 网络转变为私人网络。

市面上有很多免费或廉价的 VPN 供应商。我们鼓励你在连接公共 Wi-Fi 网络时使用 VPN！

现在，你一定知道了欺诈性 Wi-Fi 网络是如何帮助犯罪分子盗取你的身份的。我们再强调一下，如果黑客让你连接到他们创建的网络并使用了 SSLStrip 工具，那么他们可以通过“中间人攻击”来获取你的密码和其他身份信息。黑客可以在你毫不知情的情况下盗取你的身份。正如我们在本节中所提到的，反击“中间人攻击”的最佳方法就是使用 VPN。

1 虚拟专用网络（Virtual Private Network，VPN）可在公用网络上建立专用网络，并且可进行加密通信。

读书笔记

第 8 章

硬件和机器人

在本书的前几章，我们一直关注软件。但即使是最时髦的 App，如果没有运行它们的硬件（如手机、平板电脑、计算机、智能手表、智能眼镜等），它也毫无用处。如今，很多硬件的功能已经非常强大了：手机可以取代信用卡，太阳镜可以录制视频，机器人可以在没有人类干预的情况下作战。

那么，这些硬件是如何运作的呢？让我们揭开它的面纱。

什么是B、KB、 MB和GB？

无论是购买 128GB 的 iPhone，下载 50MB 的 App，还是编辑 15KB 的文档，你总要与数字产品的容量打交道，甚至不禁要问，KB、MB 和 GB 到底是什么意思呢？

让我们从最基本的概念开始。如何记录信息呢？对于说英语的人来说，他们用 26 个字母组成单词，从而记录信息。对于计算机来说，它记录的信息只包含两个字母，即 0 和 1。计算机用一系列的 0 和 1 来记录各种信息，从文本、图像，到电影。每个 0 或 1 所占的存储空间都被称为“位”（bit）。但“位”这个单位太小，不便于单独使用，所以我们通常用“字节”（Byte）来度量数据。请注意，1“字节”是由 8“位”组成的。

字节是度量文件容量的单位，就像米是度量体育场跑道长度的单位一样。例如，一张照片的平均容量为 300 万 ~700 万字节，一个安卓或 iOS 的 App 平均容量为 3800 万字节，一部高清电影的容量可达 250 亿字节。

由于文件的容量可以变得如此之大，我们就需要有各种各样的单位来表示文件的容量，就像我们使用厘米、米和千米来度量距离一样。千字节（KB）是一千字节，兆字节（MB）是一百万字节，千兆字节（GB）是十亿字节。回到我们刚才举的例子，一张照片的容量为 3MB~7 MB，一个安卓或 iOS 的 App 容量为 38 MB，一部高清电影的容量为 25 GB。

除了 KB、MB 和 GB 这些“常见”单位，还有 TB（1 万亿字节）、PB（1 千万亿字节）和 EB（1 百亿亿字节）。在有些情况下，这些单位是很有用的。例如，2013 年的互联网总流量为 5EB，当然，你也可以说，2013 年的互联网总流量达到惊人的50亿GB或5百亿亿字节。

CPU、RAM以及计算机和智能手机的配置是什么意思？

每当购买苹果公司的MacBook、三星公司的盖乐世手机或任何其他设备时，你都会被众多配置信息，或者一连串解释了设备有多强大、多快的数据连番“轰炸”。有些配置很好理解，例如，iPhone 7有32GB的存储容量。但还有些配置确实令人费解，例如，“四核英特尔酷睿i9”和“512GB板载固态硬盘”。它们到底是什么呢？

繁多的配置信息和行业术语足以让普通消费者感到头晕目眩，我们甚至可以专门写一本关于这些硬件配置的书。此时此刻，为了让读者能对硬件有个基本的认识，我们先来探究一下那些最重要的硬件。事实上，笔记本电脑、平板电脑、智能手机、智能手表，或者任何带有互动屏幕的设备都具有一些相同的硬件。

CPU：中央处理器

我们最先介绍的硬件是，设备运算的“大脑”，即中央处理器（简称CPU）。CPU是一个小型的方形芯片，处理所有使设备工作的计算指令，例如，在屏幕上显示文字和图像，将设备连接到互联网，或者处理数据等。

英特尔CPU的外观。来源：Eric Gabal

“核心”是CPU最重要的组成部分，CPU所有的计算、指令收发、数据处理都由核心执行。如今，CPU通常是由多个核心所组成，CPU 的核心越多，其处理速度也就越快，并且可以同时执行更多的任务。这就如同，如果由 4 个人同时铲车道上的雪，那么他们完成这项工作的速度是单人独自完成这项工作的 4 倍。一般来说，如果设备所搭载的 CPU 具有更多的核心，那么该设备就可以在同一时间内运行更多的且计算量大的任务，如视频编辑、画面逼真的游戏或数据处理。

时钟频率是 CPU 的一个重要参数，它表示 CPU 每秒可以执行运算指令的次数。时钟频率通常以千兆赫（GHz）为单位,即每秒执行十亿次运算指令。理论上，时钟频率越高，CPU 的运行速度也就越快。但是很多业内人士不再使用时钟频率来比较 CPU 了，这主要是因为有太多其他的因素可影响 CPU 的运行速度；还因为 CPU 的制造商采取了一些新的市场策略（如不明确标注 CPU 的时钟频率），使得你无法真正地比较不同品牌 CPU 的时钟频率。

由于有太多不同的因素会影响 CPU 的运行速度和功率，因此对 CPU 进行细致的比较是很困难的。要粗略估计两个 CPU 的性能差异，可以利用产品的系列号，例如，英特尔的 CPU 会标有 i3、i5、i7 和 i9 这样的系列号。一般来说，系列号较高的 CPU（如 i9）比系列号较低的 CPU（如 i3）速度更快、性能更强。

那么，什么是最适合你的 CPU 呢？这取决于你需要什么。CPU 越强大，它的售价就越高，功耗也就越大。因此，你如果只是翻翻脸书和发送电子邮件，那就不需要性能特别强大的 CPU。这就如同，你如果只是开车去趟杂货铺买点东西，那就不需要法拉利跑车一样。

最后，我们再简要介绍两种主要的 CPU 架构，即以 ARM 为首的精简指令集 CPU 和以英特尔为首的复杂指令集 CPU。传统上，英特尔的 CPU（也被称为 x86 架构的处理器）功能更多且性能更强大，而 ARM 的 CPU 更便宜且耗电量更低。因此，我们常见的计算机大多使用英特尔的 CPU，而手机通常使用 ARM 的 CPU。然而，随着 ARM 的 CPU 的性能得到稳步提升，CPU 应用范围的划分开始变得模糊。可以看到，有些型号的 Chromebook 采用了 ARM 的 CPU，而有些型号则使用了英特尔的 CPU。另外，苹果公司也宣称，到 2020 年，MacBook 所采用的 CPU 将由英特尔转向 ARM。

存储：用于长期存储

设备需要存储图像、应用程序、文档和其他你想记录的东西。为此，你需要某种形式的长期存储器。对于这种用于长期存储数据的设备，我们通常称其为硬盘。接下来，让我们先来了解一下计算机中的硬盘。请注意，这里所说的计算机不包括平板电脑。

硬盘是用来存储数据的设备。目前，按照存储介质的不同，硬盘可分为机械硬盘和固态硬盘两个类别。机械硬盘是非常传统的存储设备，它有一个可旋转的金属盘，盘面具有磁性，可用来存储信息。机械硬盘的磁头固定在磁头臂上并由磁头控制器控制，从而读取磁盘上的信息或将信息写入磁盘。

机械硬盘的拆解图。大多数机械硬盘的直径为 2.5~3.5 英寸。来源：维基百科

接下来，让我们了解一下最新的固态硬盘。固态硬盘没有可移动的机械部件，它将信息存储在一个巨大的网格状的“小盒子”中，这些“小盒子”被称为“存储单元”。每个微小的存储单元存储 0 或 1。（这就像华夫饼的格子，你如果愿意，可以把糖浆倒入单独的格子里。）由于固态硬盘只是通过一系列存储单元来进行存储，因此它没有活动部件（我们稍后会讲到，没有活动部件为什么很重要）。这种存储器被称为“闪存”。闪存非常常见，并且被应用在多种设备上。固态硬盘、U 盘和 SD 存储卡都使用闪存来存储信息。

固态硬盘的拆解图。注意，固态硬盘内没有可活动的机械部件。来源：维基百科

机械硬盘与固态硬盘

那么问题来了，对于机械硬盘和固态硬盘来说，哪种存储方式更好呢？我们回顾一下两种硬盘的特点。机械硬盘是由脆弱的磁头和磁盘这些可活动的部件组成的，所以机械硬盘的老化速度更快（即使是在正常使用的情况下）、噪声大、重量大，而且耗电很大。而固态硬盘由于没有活动部件，因此它更坚固、更安静、更轻、更高效。此外，在读写过程中，机械硬盘需要在高速旋转的磁盘上寻找信息，而固态硬盘只需要发送电脉冲，这使得固态硬盘的存取速度比机械硬盘快得多。

换句话说，固态硬盘几乎在所有方面都优于机械硬盘。固态硬盘更坚固、更安静、更轻、更高效。曾经，机械硬盘的每字节价格更低，但随着固态硬盘的售价逐年降低，机械硬盘的这一优势正在消失。一块 1TB 容量的固态硬盘在 2012 年的售价超过 1 000 美元，但现在其售价不到 150 美元。

因此，虽然机械硬盘曾经在计算机领域占主导地位，但固态硬盘正在逐渐赶上。如今，你甚至买不到配有机械硬盘的 Macbook 或 Surface[1] 了，因为它们都只提供标配固态硬盘的机型。

与此同时，手机、平板电脑和数码相机都只能使用闪存。（请记住，固态硬盘只是为计算机设计的一种特殊的闪存。）原因之一是，你无法把硬盘做得足够小，以适应今天的移动设备的尺寸。因此，体积较小的移动设备不得不使用闪存。此外，闪存体积小、节能、耐摔，这些特性在移动设备中都非常有价值。

SD 存储卡使用的是闪存，与手机和平板电脑使用的存储方式相同。来源：Mashable

RAM：用于短期存储

RAM 也被称为随机存取存储器或内存，是一种短期存储器。（人类也有短期记忆，当你试图拨打一个陌生的电话号码时，你用短期记忆来临时记住这个号码。）事实上，你运行的每个应用程序、打开的每个窗口和 Word 文档都会消耗一些内存，因为计算机总是试图记住你正在做的每件事。要注意的是，内存的“记忆”是非常短暂的。每当你重新打开一个应用程序，该应用程序之前所占用的内存就会被清空。这就是为什么，如果你关闭了 Word 文档而未保存它，你刚才编辑的内容将会消失。同样，无论何时重启设备，都会清除内存中的所有数据。这就是为什么，你的手机和计算机在重新开机时没有正在运行的应用程序。

1 Surface是微软公司推出的平板电脑。

为什么同时需要内存和硬盘？打个比方，假设你正在书桌上做数学作业，需要参考大量的笔记和书籍。你如果把所有的笔记和书籍都放在你的书柜里（书柜代表硬盘），那么在每次查找信息的时候，就必须站起身来走到书柜前。这一行动过程无疑将是缓慢和低效的。与之相反，你可以在书桌上打开所有的书籍，摊开所有的笔记，这样就能更容易地获得你需要的信息。这一行动过程代表了内存的运作方式。需要引起注意的是，你放在书桌上的东西越多，书桌就会变得越杂乱，最终你就没有空间可用了。这就像内存，它可以帮助计算机快速存取信息，但是其容量有限。

如果内存耗尽了会发生什么情况呢？（如果你打开 2 000 个窗口，这种情况并非不可能发生。）当内存耗尽时，计算机将从硬盘（机械硬盘或固态硬盘）中“借用”一些存储空间作为临时的“交换空间”,并且将其视为额外的“内存”，但由于硬盘的存取速度比内存慢，因此需要更长的时间来访问这些借来的存储空间。因此，你的计算机会变得缓慢。这就是为什么当你打开大量的应用程序、游戏和窗口时，你的计算机会变得异常卡顿。如果发生这种情况，你可以关闭一些占用内存的应用程序来释放内存容量。或者，你也可以通过重启设备来清空内存。

总的来说，内存的容量越大越好。当然，内存容量越大其价格也越贵。更大的内存容量可以帮助计算机更好地处理大型游戏、视频编辑和分析大量数据的应用程序。但是，如果你只是查看电子邮件或浏览互联网，那么无须很大的内存就能满足你的需求。

更大的内存容量通常会令计算机运行得更快，不过增加内存也不是什么灵丹妙药，因为可能还有其他因素（如 CPU）会拖慢计算机的运行速度。

权衡

在本节中，我们可以获取的一个重要经验是，硬件制造商在设计设备时总是需要做出权衡。例如，它们会为游戏笔记本电脑尽可能多地配置内存，但为了降低成本，不得不牺牲游戏笔记本电脑的电池寿命。一些服务器是专门用来存储图像的，它们会提供更多的存储空间，但牺牲了内存容量，因为它们不会运行很多应用程序。正如生活告诉我们的那样，你不可能做到面面俱到，总会有取有舍，所以你必须弄清楚哪些功能对你来说是最重要的。

为什么你的iPhone总会在用了几年后变慢？

2017 年，苹果公司的“降速门”事件证实了许多人多年来的猜测，即苹果公司降低了老款 iPhone 的运行速度。

许多人认为这是苹果公司的一项敛财计划，也就是通过人为的设计来使手机快速缩短寿命，从而迫使消费者购买新的手机，这一策略被称为“计划性淘汰”。

随着手机的老化，手机所搭配的锂电池的性能也越来越差。每次给手机充电，就相当于用了电池的一个“充电周期”，在进行了 500 次充电之后，iPhone 的电池就会损失 20% 的原始容量。所以，你如果注意到随着手机的使用，电池的寿命也相应变短，那么你不必为此惊慌。

对于你的旧手机来说，“电池容量下降，电力需求增加”是一个危险的组合。首先，手机的电池寿命缩短了，从而导致手机的续航能力变得很差。其次，如果 App 需要的电量超过电池所能提供的，你的手机可能在使用中随时崩溃。

为了防止出现手机随机崩溃的情况，苹果公司决定降低老款 iPhone 的运行速度，即在一些条件下限制处理器的最大性能（降低处理器的频率以减少使用峰值电流），从而降低手机崩溃的概率，并且延长电池寿命。

拖后腿的电池

消费者对苹果公司故意在不告知他们的情况下降低手机速度而感到愤怒，这是完全可以理解的。苹果公司“稳步”提高 App 对老款 iPhone 的硬件需求（如推出更新的、更耗电的 iOS 版本），却没有为用户提供恢复设备原有 iOS 版本的途径。对于这样的行为，意大利反垄断机构感到不满，并且对苹果公司处以 500 万欧元的罚款。

作为回应，苹果公司宣布：在 2018 年全年，消费者可以以 29 美元（而不是通常的 79 美元）的价格更换 iPhone 的电池。

这一电池更换计划在一定程度上化解了苹果公司的公关危机，但该计划似乎又有点太实惠了。基于 29 美元的电池更换计划，苹果公司更换了近 1 100 万块电池，这一数字远远超过了它们预期的 100 万 ~200 万块。消费者注意到，手机的性能在更换电池后好了很多。事实上，当 iPhone XR 和 iPhone XS 于 2018 年年末上市时，绝大多数用户手中的 iPhone 性能都很好——由于更换了新电池，以至于很多用户甚至放弃了购买这两款新手机。苹果公司 CEO 蒂姆·库克宣布，苹果公司 2019 财年的营收将比此前预期的低 70 亿美元，而老用户不愿购买新机型则是营收降低的一个重要原因。

简而言之，电池更换计划向 iPhone 用户表明，一个简单的电池更换操作就足以让他们的手机恢复活力，这无疑会导致手机升级次数减少，从而对苹果公司的盈利带来冲击。这个故事的寓意是，手机的性能会随着其“工龄”的增长而衰减，但不会像你想象的那么严重。不过，手机制造商可并不急于让你了解这一点。

指纹是如何解锁手机的？

就像我们喜欢在手机上通过“滑动解锁”的形式解锁手机一样，我们也对另一种解锁手机的新方法感到兴奋，即指纹解锁。从2014年起，三星公司的盖乐世S手机便可以通过扫描你的指纹来解锁手机。毫无疑问，指纹解锁在其他手机上也很受欢迎。那么，指纹解锁是如何实现的呢?

光学扫描

最古老的指纹扫描方法是“光学扫描”。首先它借助微型相机拍下你的指纹。然后,对指纹照片进行编辑,使指纹的“脊线”变成黑色,“谷线”变成白色，从而生成高对比度的指纹照片。最后将其与内部存储的指纹数据库进行比较，看看是否匹配。

但这种扫描方式不是很安全。由于光学扫描仪只是对指纹拍照，因此，你完全可以拿着一张印有指纹的照片（该指纹已与指纹数据库中的指纹匹配）来骗过扫描仪。研究人员甚至发现了一套“万能”指纹，它可以骗过65%的光学指纹扫描仪。

电容式扫描

如今，我们主要使用的是一种更安全的方法，它被称为“电容式扫描”。电容式扫描同样要利用指纹的“脊线”和“谷线”，但不是对其拍照而是测量“脊线”和“谷线”与传感器间的电荷量。在进行指纹扫描时，指纹将与传感器上微小的极板构成一个个微小的电容，而由指纹中的“脊线”与传感器极板所构成的电容器容量比由“谷线”所构成的电容器容量更大（电容器的容量与极板间距成反比。电容器的容量越大，它所存储的电荷量也越多）。由此，传感器可通过向“电容器”充电的方式来为你的指纹建立一个高分辨率的图像。

在进行扫描后，指纹识别程序同样会将扫描获得的指纹图像与存储在指纹数据库中的图像进行比对，以确认其是否匹配。

电容式扫描的支持者认为，电容式指纹扫描更安全，因为你无法仅用一张照片来骗过传感器。但遗憾的是，一位研究人员还是破解了电容式扫描，他用自己拇指的高分辨率图像制作了一个塑料模具。正如你在很多好莱坞大片中看到的那样，他用这个模具制作了一个手指模型从而骗过了电容式扫描仪。

生物识别技术

因此，即使是最好的指纹扫描系统也不能做到完全安全。这就是为什么许多手机开始提供更安全的“生物识别技术”来进行登录，如虹膜识别和人脸识别。自 iPhone X 于 2017 年发布以来，iPhone 也加入了生物识别的阵营。据报道，Apple Watch 曾考虑根据用户的心跳模式来识别用户。

在你觉得可以高枕无忧前，我们不得不提醒你，技术人员依然有办法侵入这些看起来“更安全”的生物识别系统。还记得前面提到的那位用指纹模型骗过电容式扫描仪的研究人员吗？他已证明，可以利用自己眼睛的高分辨率照片骗过虹膜识别硬件。这正好说明了，没有哪个生物识别系统是绝对完美的。

Apple Pay是如何工作的？

自 2014 年以来，你只需将 iPhone 靠近收银台的读卡器，就可以为所购买的食物、衣服和其他商品买单。这项技术被称为 Apple Pay。2015 年，谷歌公司也推出了名为 Android Pay 的类似服务。这个“神奇的”付费系统是如何运作的呢?

正在使用 Apple Pay 进行支付。来源：维基百科

Apple Pay 和 Android Pay 都是基于一项名为“近场通信”[1]（简称 NFC）的技术。使用 NFC 通信时，两个内置特定芯片的设备（无论是手机、IC 卡还是支付终端）在靠近或接触时可以交换少量信息。这些设备使用无线电波交换信息（顺便说一句，蓝牙技术使用的也是无线电波）。在使用过程中，NFC 的耗电量很低。一些采用“无源”设计的设备甚至不需要任何自身供电就能运行。

iPhone（iPhone 6 或更新的机型）内置了 NFC 芯片，Apple Pay 的支付终端也内置了 NFC 芯片。当你将 iPhone 靠近或接触支付终端时，两个设备中的 NFC 芯片就会通过无线电波交换信息。终端机将通过你绑定的信用卡对你刚刚购买的商品进行扣费。

应用 NFC 的另一个例子是，你可以使用内置了 NFC 芯片的 IC 卡来支付乘坐地铁或公交车的费用。公交 IC 卡采用的是“无源”NFC 芯片，它不需要

---

1 近场通信（Near Field Communication，NFC）是由非接触式射频识别（RFID）及互连互通技术整合演变而来的。

自身供电就可以操作。当你把IC卡靠近读卡器时，读卡器内的NFC芯片（需要供电的“有源”芯片）可以与IC卡中的NFC芯片进行通信（信号通过电磁感应耦合方式传递）。例如，在乘坐地铁时，你将公交IC卡靠近闸机上的读卡器，读卡器将从你的账户余额中扣去车费（交通运营部门会将其保存在服务器上），然后打开闸机让你通过。

加强安全性

那么Apple Pay如何保证支付的安全性呢？别担心，当使用Apple Pay时，你的手机不会简单地把你的信用卡号码发送给商家。事实上，苹果公司与信用卡支付技术供应商有着密切合作，共同打造了一个极其安全的系统。无论你在何时使用Apple Pay，信用卡支付技术供应商（如Visa或万事达，类似我国的“银联”）都会随机生成一个16位的令牌并将这个令牌与你绑定的信用卡关联，对令牌加密后再将其发送到你的手机。当靠近支付终端时，你的手机将向支付终端发送加密令牌。支付终端将该令牌发送给信用卡支付技术供应商，信用卡支付技术供应商在确认令牌身份与你匹配后，才会进行扣费。这个支付过程的设计十分巧妙，因为即使黑客获得了你的令牌，他也无法绕过信用卡支付技术供应商对你的信用卡号码进行逆向工程。此外，在配有Touch ID[1]功能的iPhone上，苹果公司还会要求先验证你的指纹，然后才允许付款。因此，有评论人士称，Apple Pay在某种程度上甚至比信用卡还要“安全”得多。

商家们都非常渴望使用Apple Pay，对此，我们并不感到意外，因为Apple Pay能有效地防范黑客攻击，以避免用户的信用卡数据被盗。例如，塔吉特百货公司在2013年就曾遭受黑客攻击，以至于4 000万个信用卡号码被盗。在2016年，由于新法律要求商家（而不是发卡机构）为任何因旧的磁卡读取技术而发生的黑客攻击承担经济损失，因此，支付安全问题对于商家来说变

1 Touch ID是苹果公司开发的指纹识别技术。

得更加重要。基于芯片的信用卡也可以帮助商家避免黑客入侵，但它们的识别速度比刷磁卡慢得多，这使得 Apple Pay 成为更有吸引力的选择。

Apple Pay 无疑是一个双赢的产品，所以我们认为 Apple Pay 和其他基于 NFC 的移动支付系统在未来几年将会更受欢迎。

NFC 的其他用途

NFC 使用起来非常简单，你只需将手机靠近或接触一些设备就能交换金钱或信息。NFC 所提供的这种便利性使它成为一个强大的工具，并且可能由此催生很多影响深远的应用。

如今，NFC 的应用出现在越来越多的场景中，你可以为各种各样的服务付费。在旧金山，你可以用手机接触 NFC 标签来支付停车费用。在芝加哥，你可以用 Apple Pay 来支付地铁费用。

此外，利用 NFC 技术，你还可以用手机接触任何带有 NFC 芯片的标签来获取信息。营销人员可以在广告或传单中嵌入 NFC 贴纸，如果你想了解商品的更多信息，只需用手机接触贴纸即可。在法国的某些城市，你可以用手机接触 NFC 贴纸来获取该地区的地图。另外，NFC 可以为购物提供帮助。例如，用手机接触商品的包装，你就可以获得该商品的优惠券，或者对该商品进行比价。毫无疑问，NFC 正在模糊物理世界与数字世界之间的边界，我们认为，NFC 的使用场景将会越来越多。

*Pokémon Go*是如何工作的？

2016年，手机游戏 *Pokémon Go* 风靡全球。该游戏提供了一种新颖的玩法，你行走在现实世界中，还能抓到虚拟的卡通怪兽 Pokémon！ *Pokémon Go* 最受欢迎之处是，它将虚拟的游戏世界叠加在真实世界之上，这是一种名为"增强现实"[1]（简称 AR）的技术。例如，你可以看到 PokéStops（寻找物品的地方）和 Pokémon Gyms（与其他 Pokémon 战斗的地方）位于你所在城镇的真实地标。你也可以在 Pokémon 的"自然栖息地"中找到它们，如沙滩上的水型蠕动生物或夜间出现的蝙蝠坐骑。这些好玩的特性得以实现归功于众包的定位信息、手机内部时钟及一些地理数据的融合，这些数据包括气候、植被、土壤或岩石类型，*Pokémon Go* 根据这些数据来对一个地区进行分类。

在技术层面，更有趣的部分是，你可以看到一个 Pokémon 即时叠加在你的现实环境中，同时，你可以试着捕捉它。例如，如果你想在公园里抓一只 Pokémon，你会发现它们正在草地上蹦来跳去，或者在喷泉里戏水。

你的手机如何知道 Pokémon 被"放"在哪里？首先，*Pokémon Go* 使用摄像头来"感知"周围的现实环境，如在河边的草地上。其次，*Pokémon Go* 使用一些算法来确定地面的相对位置，并且绘制出站在那里的 Pokémon。最后，*Pokémon Go* 会使用手机的加速度传感器、地磁传感器（数字指南针）和 GPS 来判断你是否正在移动，再根据用户的运动行为，游戏会相应地移动或旋转屏幕中所显示的 Pokémon。

---

1 增强现实（Augmented Reality）技术可在屏幕上把虚拟世界叠加在现实世界并进行互动。

在很大程度上得益于 *Pokémon Go* 的出现，让我们见证了 AR 的一个激动人心的时刻。2016 年，一位专家预测，到 2020 年，AR 将成就一个价值 900 亿美元的市场。游戏开发者对此尤其兴奋。一万年太久，只争朝夕。还等什么，拿着手机再去转转，说不定还能再抓几只小“精灵”回来。

亚马逊是如何管理1小时送货服务的？

亚马逊 Prime Now（1 小时送货服务）是其 Prime 会员服务的一个附加服务，截至 2017 年，Prime Now 可以让你在全美 30 多个城市中享受 1 小时送货服务（有非常多的商品类型都支持该服务）。但问题是，飞越整个美国至少需要 5 小时，那么亚马逊究竟是如何实现 1 小时送货服务的呢？

亚马逊使用了软件、机器人和人相结合的方式来实现这一目标。首先，在软件层面上，亚马逊使用其在某一地区的 Prime 会员的数据来决定在该地区的仓库中存放哪些类型商品，这一举措旨在优化配送速度。

Prime Now 的中心自然是亚马逊的仓库，它被称为配送中心，位于 Prime Now 服务的主要都市区外。例如，在新泽西州的尤尼恩就有一个，它就在纽约市郊。

在仓库里，从格兰诺拉燕麦卷到滑板鞋，各种商品都堆放在散落仓库四周的货架上。一群冰球形状的机器人在仓库里四处“游走”，寻找放有正确商品的货架，并且把它们移到名为“拣货员”的员工跟前，后者从货架上取出商品。

虽然大多数商店的商品都是按品种进行分类的（例如，所有的早餐食品都放在一个通道两侧的货架上），但亚马逊仓库里的商品是随机分布的（例如，薯片可能被放在棋盘游戏旁边）。这样，机器人就不会离任何特定的商品太远。此外，重新补货的员工也不必操心他们要把商品放在哪里。

在这茫茫的商品汪洋中，如果没有任何协助，人类员工可能要花很长很长时间才能找到某个特定的商品。为加快检索速度，亚马逊构建了庞大的可以精确地跟踪每件商品的存放位置的数据库。亚马逊还开发了相应的算法来管控商品的去向，以及机器人和员工在仓库中的行走路线。

亚马逊声称，这些机器人和算法可以帮助亚马逊在几分钟内分拣出顾客所购买的商品，而不像以往那样需要花费数小时。

一旦这些商品被装进包裹，亚马逊就会把它们交给“快递员”团队，他们会使用任何必要的出行方式，如地铁、汽车、自行车或步行，以便在 1 小时内把商品送到顾客手中。

这个案例是对未来工作场景的一个有趣展望，人们和机器人并肩合作。机器人可以比人更快地找到和移动商品，特别是因为这些机器人可以利用算法来尽可能减少它们在移动过程中所花费的时间。但是人有灵巧手指，可以很自如地从货架上取出商品，扫描它们，然后把它们打成包裹。

电子商务的发展对就业意味着什么？对于这个问题，我们的直觉告诉我们，其答案似乎有点自相矛盾。随着电子商务的发展，虽然数以千计的零售岗位消失了，但亚马逊的机器人和算法使快速配送中心成为可能，这最终又创造了更多的就业岗位。也许这一悖论的最好例子是，技术和自动化已经在伊利诺伊州乔利埃特的锈带镇“摧毁”了数千个工作岗位，但亚马逊于 2016 年在那里开设了一个物流中心，又创造了 2 000 个工作岗位。

因此，你如果迫切需要得到某样东西，并且依赖于 Prime Now，那么你一定要感谢实现它的人和机器人。正如你所看到的，在亚马逊，人和机器人的合作无疑是一次有趣的尝试。

亚马逊是怎么做到在半小时内送货的？

亚马逊的 Prime Now 所承诺的 1 小时送货服务的确令人印象深刻！但亚马逊不会就此止步，它甚至想利用无人机来实现半小时内送达。这又是怎样的一幅图景？

亚马逊推出了一项名为“亚马逊 Prime Air”的服务，它的分拣、打包过程与 1 小时送货服务相同，但用“无人飞行载具”（简称无人机）取代快递员完成送货。

在仓库里，待配送的包裹会被固定在无人机上。无人机将根据预定的路线飞到收件人的家里，它可以直接将包裹投下（配有降落伞），也可以降落在标有特殊标记的垫子上（顾客自行取下包裹）。值得一提的是，亚马逊的无人机可以在没有任何人类员工控制的情况下实现独自送货。

一架正在递送包裹的亚马逊无人机。来源：亚马逊

那么，无人机送货的时代会很快到来吗？我们毫不掩饰对此的殷切希望，是的，我们愿望这一天早日到来。不过，亚马逊仍然需要应对很多难题，例如，

它要“教”会无人机如何应对恶劣天气，并且自动避开建筑物和其他无人机。另外，无人机的送货范围也有待进一步扩展。目前，亚马逊只在美国 24 个州设有无人机配送中心，其中大部分都位于沿海地区。

无人机送货所面临的最大问题来自政府部门的监管。事实证明，美国联邦航空管理局是亚马逊的“眼中钉”。美国联邦航空管理局规定，无人机不能在机场附近 8 千米内飞行，据此，纽约市的大部分地区都是无人机的禁飞区。2015 年，美国联邦航空管理局发布的另一项规定称，无人机不能飞出操作者的视野（简称视野规定），这将阻止无人机进行自主飞行。亚马逊一直都在试图推动美国联邦航空管理局放宽这些规定。2016 年，美国联邦航空管理局取消了视野规定，这对于亚马逊来说无疑是一次胜利。我们有理由相信，美国联邦航空管理局之所以取消了视野规定，很可能是由于亚马逊所施加的压力。（科技公司对政策制定者拥有如此大的影响力，这让我们也感到十分震惊。）

尽管如此，亚马逊仍然对美国联邦航空管理局的规定感到失望。事实上，亚马逊对美国联邦航空管理局的某些规定非常恼火，为了不违反其规定，亚马逊只得在距离美国边境只有 600 米左右的加拿大开设无人机测试中心。由于没有美国联邦航空管理局所提供的“热心帮助”，亚马逊还得以在英国进行了大部分的无人机测试。事实上，在 2016 年 12 月，亚马逊无人机在英国剑桥郡首次成功地完成了送货。

虽然送货的无人机在空中嗡嗡作响让人觉得有些不可思议，但亚马逊设想，利用无人机送货在未来的某一天将成为一个非常普遍的场景。最终，这些无人机甚至可能变得和联邦快递[1]或 UPS 的送货卡车一样常见。

1　联邦快递（FedEx）是一家国际性速递集团，总部设于美国田纳西州。

亚马逊的送货无人机。来源：亚马逊

最后，让我们回顾一下本节的内容并试图得出一些观点。想象一下，如果你回到50年前，告诉周围的人们你有一台掌上电脑（如智能手机），用那台电脑通过无线连接购买了一件商品，然后由一个有翅膀的飞行机器人把那件商品交给你。听完这个故事，他们一定会认为你疯了。但是，正如你现在所知道的，这是真实的，如此充满想象力的购物方式的确能够高效地运作，这非常令人激动！

第 9 章

商业动机

我们可以基本确定的是，在 21 世纪，科技已经开始主宰商业世界。苹果公司、亚马逊公司、脸书公司、微软公司以及谷歌公司的母公司 Alphabet 公司，都是全球市值排名靠前的公司。

但是仅仅拥有一个优秀的 App 是不够的。有许多开发过热门 App，但是不了解基本商业原则的初创公司都失败了，如 MoviePass 公司。用户每月支付 10 美元即可享受 MoviePass 公司提供的无限制电影服务，但由于商业模式不佳，MoviePass 公司在 2018 年遭遇滑铁卢。

与此同时，从零售业到银行业再到餐饮业，传统的非科技公司为避免落后，不得不开始开发 App。正如 Salesforce 公司的联合创始人帕克 • 哈里斯所说："所有商业领导者都需要成为技术专家……每个企业都需要成为一家 App 公司。"

那么，非科技公司如何适应数字时代？科技巨头的各种商业举措背后有什么逻辑？让我们一探究竟吧。

Nordstrom百货商场为什么提供免费Wi-Fi?

星巴克公司自2010年起一直向顾客提供Wi-Fi服务，我们可能已经习惯了星巴克门店的这种免费服务。星巴克公司提供这种服务是有理由的，因为一些想在一个舒适的环境中加班、学习的人会蜂拥至星巴克。

2012年，Nordstrom百货商场开始提供免费Wi-Fi，家得宝公司、Family Dollar公司等零售商也加入了这股潮流。它们为什么要这么做呢？毕竟没有人会刻意去Nordstrom百货商场发邮件。商场提供免费Wi-Fi是为了让自己显得很友好吗？

实际上，提供免费Wi-Fi非常有助于Nordstrom百货商场提高利润。为了理解这一点，让我们先来分析一下Wi-Fi是如何工作的。当我们打开手机上的WLAN开关后，手机就会发射Wi-Fi信号，自动寻找附近能让手机连接到互联网的Wi-Fi热点（也被称为“无线路由器”，我们家里的那种有天线的盒子就是无线路由器）。每部手机中的Wi-Fi芯片都拥有自己独特的一个MAC地址，手机为寻找Wi-Fi热点而发射的Wi-Fi信号中包含了这个MAC地址。所以，当手机连接上Wi-Fi热点后，Wi-Fi热点就会记录并保存手机的MAC地址。今后在我们用同一部手机重新连接这个Wi-Fi热点时，Wi-Fi热点就能识别我们的手机。

2012年，Nordstrom百货商场等零售商意识到，它们可以通过跟踪顾客连接的Wi-Fi热点来确定顾客在商场中的位置。这是如何做到的呢？

原来，这是利用了一种叫作三角定位的技术。顺便说一句，三角定位技术也是GPS定位所利用的技术。首先，商场中设置了很多的Wi-Fi热点，当我们的手机经过3个Wi-Fi热点所覆盖的区域时，三角定位就开始了。由于3个Wi-Fi热点都保存了某一部手机的MAC地址，所以它们就能确定连接到Wi-Fi热点的手机就是某部特定的手机。然后每个Wi-Fi热点将测量接收到的特定手机的Wi-Fi信号强度，并根据信号强度计算手机到Wi-Fi热点的距离。如果Wi-Fi热点接收的Wi-Fi信号越弱，那么连接到它的设备距离它就越远。在Wi-Fi热点根据Wi-Fi信号强度测算出手机到它的距离后，一些定位软件会以Wi-Fi热点为圆心、以Wi-Fi热点算出的距离为半径来“画”一个圆。在三角定位时，以3个Wi-Fi热点为圆心画出的3个圆将相交于一个点，而这个点就是手机所在的位置，也就是我们的位置。瞧，定位软件已经通过三角定位技术确定了我们的位置！一家使用三角定位技术的公司的老板说，他们定位的误差在3米内。

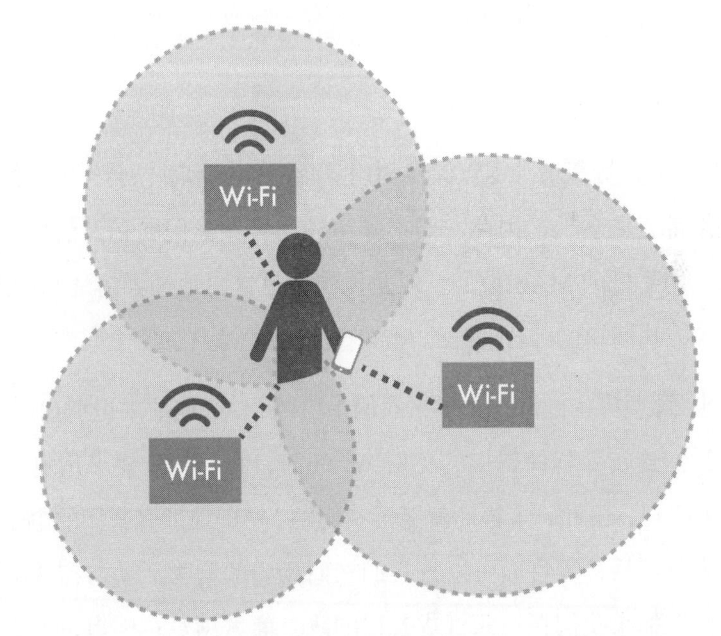

Wi-Fi三角定位技术，让Wi-Fi热点的所有者可以精确定位连接Wi-Fi热点的人的位置。

来源：Skyhook

通过三角定位技术，Nordstrom 百货商场等零售商可以监控顾客在商场的位置和购物轨迹。这对于它们来说十分有用。例如，如果某家服装店注意到大多数顾客穿过帽子区直接去女装区，它就可以减少帽子的库存，多囤积女装。零售商可以确定客流量比较大的日子和时间段，并相应地增加售货员或收银员的数量。有家提供定位服务的公司甚至能告诉零售商有多少人在它们的店外驻足后走进店内，这条信息有助于零售商判断哪些橱窗最吸引顾客。由此我们可以知道，将三角定位技术的计算结果应用于实践，的确能帮助零售商显著地提高利润。

现在，你是否了解了为什么 Nordstrom 百货商场等零售商要提供免费 Wi-Fi 呢？因为顾客可能用手机连接商场提供的免费 Wi-Fi。然后，商场可以使用三角定位技术来跟踪顾客的购物轨迹。正如我们前面所分析的，对零售商来说，这背后隐藏着丰厚的利润。

挖掘更多数据

Nordstrom 百货商场等零售商在利用三角定位技术时，会告诉我们它们所利用的数据都是匿名的，因此它们不知道任何有关我们的私人信息。它们虽然掌握了我们手机的 MAC 地址，但是无法通过这串地址弄清楚我们的身份。但请想想看，我们知道自己手机的 MAC 地址吗？这真的安全吗？

事实上，那些零售商有办法根据我们手机的 MAC 地址来识别我们的身份。例如，在我们连接零售商提供的免费 Wi-Fi 前，我们会被要求用电子邮件地址登录一个账户，由此，零售商就能把我们的 MAC 地址和我们的电子邮件地址绑定起来。然后，零售商可以将我们在商场内的购物活动与在线活动链接起来。例如，如果我们在梅西百货公司的线上商城浏览过围巾，那么当我们一走进梅西百货公司的某家商场时，就能得到一张围巾优惠券。

零售商还可以将通过三角定位技术所获得的数据与视频监控结合起来，从而使结合后的数据发挥更强大的作用。据报道，商场里新安装的视频监控具有非常强大的功能，它们通过拍摄一些录像片段就可以计算出我们的年龄、性别和种族。它们还可以分析出我们在商场内看了哪些产品，看了多长时间。视频监控计算出的数据，结合我们在商场内的购物数据和在线商城购物数据可得出很多有用的分析结果，这对于零售商来说非常具有价值。

根据这些数据，零售商甚至可以在我们开始看某种商品或即将离开某个商品区时向我们发送该商品的优惠券。这个方法可能只适用于连接了商场的Wi-Fi的顾客，这是Nordstrom百货商场等零售商提供免费Wi-Fi的另一个原因。

爱它还是恨它?

对于零售商来说，利用Wi-Fi热点和视频监控等工具产生的数据来跟踪顾客行为，这显然是有利可图的。这有助于零售商解决它们正在努力解决的“商场展厅化”问题，即顾客在实体店试用商品，而在网上购买商品。零售商从顾客处获得的数据越多，它们的销售能力越强、销售潜力越大。

但是，零售商利用Wi-Fi热点和视频监控等工具产生的数据来跟踪顾客购买行为，这对身为顾客的我们有什么影响呢?

从好的方面来说，我们可以获得更好的购物体验，例如，在商场里更少地看到我们不喜欢的商品，或者随时为我们服务的工作人员。如果零售商知道我们在它们门店的购物频率，也许它们可以为我们提供忠诚度计划，以及向我们提供我们需要的产品的优惠券，这都能帮我们省钱。

但是，天下没有免费的午餐，我们的代价是我们的隐私。令我们震惊的是，零售商居然掌握了许多我们的个人数据:从我们的购物习惯到我们的长相，它们甚至可以跟踪我们在商场内的一举一动。更糟糕的是，零售商没有明确告知我们它们正在跟踪我们。当我们发现自己的一举一动被人跟踪时，必然会不高兴。虽然为了避免顾客的不悦，Nordstrom 百货商场给予了顾客不被跟踪的选择权。但评论人士抱怨说，顾客不被跟踪的选择权是在他们发现自己被跟踪时才被赋予的，那些不知道自己已被跟踪的顾客仍处于被跟踪状态。

尽管我们不喜欢被跟踪，但是这的确很难防范。研究人员发现，有些手机的 WLAN 开关即使处于关闭状态，它也会自动搜索 Wi-Fi 热点，这意味着我们需要关闭手机才能避免被跟踪。但是有些手机即使处于关机状态，它还是会自动搜索 Wi-Fi 热点，这意味着我们需要把手机电池取出来，才能彻底避免被跟踪。但即便如此，我们也无法避免被视频监控跟踪。

零售商回应，顾客被 Wi-Fi 热点跟踪的情况并没有顾客在网上购物时被跟踪的情况糟糕。当我们在网上购物时，像亚马逊公司这样的电子零售商可以跟踪我们的每次点击行为。但是隐私保护主义者可能辩称，跟踪某人的点击行为远没有跟踪某人在现实生活中的身体动作那么可怕。

那么，零售商提供的免费 Wi-Fi 是件好事还是件坏事呢？我们暂时无法对这件事进行定性。但是，无论我们如何看待 Nordstrom 百货商场提供的免费 Wi-Fi 服务，我们必须承认这是一个聪明的商业举动。

亚马逊公司为什么在Prime会员计划入不敷出的情况下，仍然为Prime会员提供免费送货服务？

自 2004 年起，我们如果支付 119 美元加入亚马逊的 Prime 会员计划，就可以享受数百万种商品 2 天内免费送货服务。Prime 会员计划是一个庞大的项目，有 2/3 的美国家庭加入了该计划。

然而，在全球范围内快速、自由地运输货物，亚马逊公司需要负担巨额的成本。亚马逊公司每年因其 2 天免费送货服务损失 80 多亿美元。由此产生了一个问题，既然 Prime 会员计划亏损了这么多钱，亚马逊公司为什么不终止它呢？

亚马逊公司的策略

在探讨亚马逊公司不终止入不敷出的 Prime 会员计划的原因前，我们需要明白很重要的一点，那就是亚马逊公司更关心的是收入增长，而不是利润增加。根据亚马逊公司的发展历史，它一般将收入再投资到公司，而不是分给股东。这一战略有助于亚马逊公司快速发展业务，最大限度地实现收入的长期增长。毕竟，零售总体上是一种低利润业务。

换句话说，亚马逊有意地控制自己的利润。例如，亚马逊在 2016 年的收入为 1 360 亿美元，但利润只有区区 24 亿美元。这已经比前几年要多得多，亚马逊前几年的利润几乎为零。2012 年，尽管亚马逊的销售额达到 610 亿美元，但它实际上亏损了 3 900 万美元。

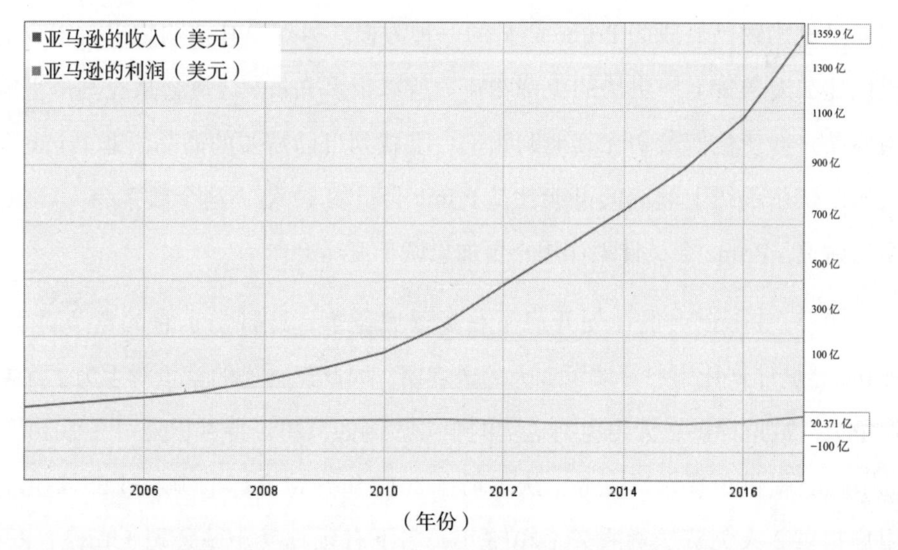

亚马逊的收入（深色线）正在疯狂增长，但它一直有意地控制利润（浅色线）。来源：YCharts

Prime 会员计划如何兑现

亚马逊公司推出 Prime 会员计划的目的是增加收入。Prime 会员计划主要通过以下几种方式帮助亚马逊公司增加销售收入。

第一，Prime 会员计划是一个有效的客户忠诚度计划，能使用户在亚马逊上花的钱越来越多。据估计，1 亿 Prime 会员的消费总额是非 Prime 会员的两倍多。诚然，出手阔绰的人更有可能付费加入 Prime 会员计划。然而，以下几个原因可以解释为什么加入 Prime 会员计划能让用户更多地消费。第一个原因是，2 天内送货上门比正常的送货更即时，可以为用户带来即时的满足感，这使得用户进行“轻率”的冲动购物成为可能。第二个原因是，一旦用户为加入 Prime 会员计划支付了 119 美元，他们会觉得有必要买很多东西，并且由此获得大量免费送货服务来证明自己的支出是合理的。亚马逊的销售数据证明了这一点，一项研究发现，Prime 会员计划为亚马逊增加了 20% 的销售额。

第二，Prime 会员在亚马逊上的购物比例更高。许多 Prime 会员一般会选择在亚马逊上购物，即使他们想买的东西在其他购物平台上的售价更低。使用亚马逊购物已经成为 Prime 会员的一种习惯。另外，其他购物平台很少能提供比 2 天送货上门更快的免费物流。所以很多 Prime 会员会从亚马逊上购买商品，即使他们最初在其他购物平台上找到自己需要的商品。非 Prime 会员访问沃尔玛线上商店的可能性是 Prime 会员的 12 倍，这个数字令人震惊。换句话说，Prime 会员计划让用户更加忠诚于亚马逊。

第三，Prime 会员计划开启了一场逐底竞争，这打击了它的竞争对手。Prime 会员计划让用户习惯了 2 天的送货期，因此亚马逊的竞争对手为了保持竞争力，被迫提供 2 天内免费送货的服务。例如，塔吉特百货公司在 2014 年的节假日提供免费送货服务；沃尔玛自 2017 年开始为订单额超过 35 美元的用户提供 2 天免费送货服务；2010 年，名下有玩具反斗城公司（Toys“R”

Us）和巴诺书店的一个财团甚至创建了一种名为 ShopRunner 的 Prime 会员计划克隆产品，提供与 Prime 会员计划相同的权益和商品售价。该权益是，无论用户从该财团下的哪家公司购买产品，都可以享受 2 天免费送货服务。2 天免费送货对于用户来说是件好事，但对于那些没有资金或没有能力建立快速送达大量货物的基础设施的零售商来说，这吹响了它们破产的号角。

越来越多的 Prime 会员

显然，亚马逊希望更多的人加入 Prime 会员计划。因此，亚马逊不断向 Prime 会员计划中塞入尽可能多的权益也就不足为奇了。如今，Prime 会员不仅能享受免费送货服务，还可以免费观看电影、免费阅读数十万种电子书，以及免费享受音乐流媒体服务。Prime 会员数量快速增长，因此亚马逊公司将 Prime 会员计划推向线下零售。在亚马逊公司于 2017 年收购 Whole Foods Market 后，Prime 会员就可以在 Whole Foods Market 享受 10% 的折扣及其他优惠。

尽管 Prime 会员计划表面上看起来像是一个赔钱的买卖，但它对亚马逊公司来说是一个宝库。彭博社（Bloomberg）甚至将 Prime 会员计划称赞为“电子商务领域中（不仅限于零售业）最具独创性、最有效的客户忠诚度计划”。

优步公司为什么需要无人驾驶汽车？

2015 年，优步公司从卡内基梅隆大学挖走了一个机器人团队，并在匹兹堡设立了一个专门研究无人驾驶汽车的办公室。优步公司前 CEO 特拉维斯•卡兰尼克表示，开发无人驾驶汽车对于优步公司来说具有“生死攸关”的意义。他为什么这样说呢？优步公司为什么要涉足无人驾驶汽车领域呢？

增长的陷阱

我们首先要知道的是，优步公司一直处于财务困境中，它每年亏损 10 多亿美元。一个重要的原因是，它一直坚持增长重于利润的原则。多年来，优步公司一直在竭尽全力做到让优步的价格比 Lyft 更低，因此优步经常会有大幅度打折的活动。事实上，过大的折扣幅度导致优步公司在大多数出行订单的结算中是亏损的。

与此同时，优步公司一直在投资那些需要投入大量资金的领域，如食品配送，这有助于增加优步公司的收入，但不利于降低它的成本。此外，优步公司还为进入中国、俄罗斯和印度尼西亚的市场投入了大量资金，但是在这几个市场的扩张都失败了。

简而言之，优步公司的增长模式使得它不可能盈利。因此，如果它想摆脱亏损局面，就需要找到一种能大幅度削减成本的新方法。优步公司能在哪些方面削减成本呢?

司机的保留问题

优步公司的另一大难题是司机的留存率很低。在注册优步的司机中，只有 4% 在一年后还为优步公司开车。这意味着，优步公司为留住司机不得不提供大量的补贴，施行一系列激励措施。最终，优步公司在每个出行订单中抽取的利润仅为 20% 左右，它需要把剩下的钱付给司机。

因此，优步公司陷入了进退两难的境地。一方面，它必须大幅降价，以留住足够多的优步用户。另一方面，它必须增加支出，以留住足够多的司机。没有司机，就没有乘客用优步打车。没有乘客，就没有司机注册优步开车。换句话说，优步是一个必须让乘客和司机匹配起来的双边市场。因此，它必须迎合这两者，并且削减从这两方获得的利润。

无人驾驶是一个解决方案

我们现在清楚无人驾驶汽车对优步公司有怎样的吸引力了吧。我们认为，优步公司之所以在无人驾驶汽车上的开发上投入了巨额资金，是因为以下三点。

第一，优步公司将不必与人类司机打交道，这将使优步公司在每个出行订单上投入的成本更低，并且不用担心司机的留存问题，毕竟驾驶汽车的程序永远不会主动离开优步公司。当然，优步公司需要承担汽油费和汽车保养的费用，虽然目前这是司机的责任，但这笔费用与优步公司少支付给司机的佣金比起来，就是九牛一毛。一项研究发现，无人驾驶车队的运营成本仅为传统出租车车队的 1/10，相对较低的运营成本肯定能帮助优步公司实现盈利。

第二，乘客将更愿意搭乘无人驾驶汽车。根据一位专家的说法，无人驾驶汽车的车费更便宜，而且事故率也能降低 90%。因此，提供无人驾驶汽车将有助于优步公司吸引更多的用户，并且扩大用户基础。

第三，优步公司必须先于竞争对手开发无人驾驶汽车，以保持竞争力。很多公司在无人驾驶汽车领域押下重注。谷歌公司旗下的开发无人驾驶汽车的子公司 Waymo 公司已经与 Lyft 公司合作，共同开发无人驾驶汽车。福特汽车公司向一个无人驾驶汽车初创企业 Argo AI 投资了 10 亿美元。特斯拉公司已经开发了无人驾驶汽车所需的硬件。这些公司都想成为第一家掌握无人驾驶汽车技术的公司。由于无人驾驶汽车的运营成本低得多，第一家使无人驾驶成为行业标准的公司将获得重大优势，而成功开发无人驾驶汽车的公司也将能够通过将自己的无人驾驶技术授权给竞争对手来赚钱。换句话说，优步公司更愿意自己研发、生产无人驾驶汽车，而不愿意被迫从竞争对手那里购买解决方案。

微软公司为什么收购领英？

2016年，微软公司以262亿美元的天价收购了职业社交平台领英。这笔收购是迄今为止微软公司支付交易金额最大的一笔收购，也是科技行业中第三大笔的收购交易。为什么拥有Windows操作系统和一系列生产力工具的微软公司会为职业社交平台一掷千金呢？

巩固商务领域领导者地位

微软公司传统的创收点Windows操作系统和其自有品牌的硬件设备一直在走下坡路。仅从2016年到2017年，微软公司的个人电脑和Surface平板电脑的销量就下降了26%。并且，微软公司没有在体量巨大的移动领域站稳脚跟，它已经停止支持自己的手机操作系统Windows Phone。

但是，微软公司知道，它的当下和未来都取决于企业级软件，或者为企业开发的工具。Azure（微软公司面向企业的云计算平台）和Office 365是微软公司利润最高、增长最快的两个业务。微软公司CEO萨提亚·纳德拉在2015年提出的微软公司新使命深刻地说明了这一转变。微软公司的新使命与比尔·盖茨过去提出的“在每个家庭、在每张办公桌上都有一台计算机”的使命迥异。

收购领英对微软公司来说至关重要，因为这帮助微软公司巩固它在商务领域的领导者地位。我们认为这次收购在三个方面巩固了微软公司的领导地位。

第一，收购领英有助于微软公司成为商务人士的中心，就像脸书和Instagram是在线社交的中心一样。用PowerPoint做演示，我们使用的是微软公司的产品；带着装有Windows操作系统笔记本电脑去开会，我们使用的还是微软公司的产品；寻找潜在客户或招聘新员工，我们使用的可能是领英，而它现在是微软公司的产品。

因为很多商务人士的工作要素，如电子邮件、文档、职业简历等，都与微软公司的产品相关，微软公司认为我们在领英上的个人资料将成为我们职业生涯的核心“真相来源”。

第二，通过收购领英，微软公司获得了一个巨大的数据源。在收购发生时，领英就已经拥有 4.33 亿用户。微软公司将领英巨量的用户数据称为“社交图”。微软公司可以利用这份数据来完善现有产品。也就是说，微软公司可以将领英的数据和领英用户的个人资料整合到 Office 等产品中。例如，Outlook 日历上可以显示下一个与我们会面的客户在领英上的个人资料，Cortana（微软公司开发的，类似 Siri 的人工智能助理）可以针对如何打动我们即将会面的客户向我们提供建议。使用微软公司的客户关系管理工具 Dynamics CRM 的销售人员可以根据潜在客户在领英上的个人资料，为向客户推销自己的产品做更精心的准备。Office 365 还可以具有分析在领英上注册公司的组织结构图，判断它们需要补充什么类型的人才的功能。拥有了这份巨量的独家数据，微软公司可以开发新的产品，使自己区别于竞争对手，如与自己的 Dynamics CRM 业务有竞争关系的 Salesforce 公司，以及与自己的企业云和企业邮箱业务有竞争关系的谷歌公司。

第三，微软公司想避免竞争对手利用领英对自己造成伤害。微软公司不想让其在商务领域的潜在竞争对手获得领英有价值的数据和庞大的用户群。Salesforce 公司曾对领英公司提出了股票收购要约，但是微软公司最终以全现金的方式（现金收购通常比股权收购更具吸引力），并承诺更多有助于领英发展的潜在协同条款收购了领英公司。通过利用领英的数据强化自己的 Dynamics CRM，微软公司在客户关系管理领域一夜之间能够与提供顶级客户关系管理解决方案的 Salesforce 公司平起平坐。如果 Salesforce 公司得到了领英，微软公司将处于更加劣势的地位。

资金和人才

正如前面所分析，微软公司收购领英是为了巩固自己在商务领域的领导者地位。除此之外，还有两个因素影响着这笔收购：资金和人才。

就资金而言，在被微软公司收购前，领英公司每年都能创造少量利润（7 100 万美元）。因此，领英公司的业务对于微软公司来说是一个良好的收入补充。并且，领英公司因为具有非常多样化的收入来源，如高级订阅、广告和招聘工具等，它的收入预期是十分可观的。此外，领英在被收购后继续快速增长，在被收购后的 10 个月，领英内新增了 7 000 万用户。所有这些都是微软公司进一步盈利的积极迹象。

领英公司的人才也是微软公司所看重的。领英公司的董事长雷德・霍夫曼是 PayPal 公司的创始人，拥有 20 多年的创业经历，是硅谷人脉最广、最受欢迎的企业家之一。霍夫曼在加入微软公司的董事会时表示，他将帮助微软公司在硅谷建立更强大的关系网，这对微软公司至关重要，因为微软公司多年来在该领域发展得并不理想。

微软公司为什么要收购领英呢？有很多因素影响着微软公司的这项决策，但显而易见的是，这次收购能帮助微软公司保持其在商务领域的领导者地位，并且使领英公司宝贵的业务和数据不落入微软公司的竞争对手之手。

为什么脸书公司要收购Instagram？

2012 年，脸书公司用 10 亿美元收购了热门的照片分享社交平台

Instagram。但是，在被脸书公司收购时，Instagram的收入为零，也没有创收计划。那么脸书公司为什么要花这么多钱来收购它呢？

脸书公司收购 Instagram 的原因可以总结为两个词：移动和照片。

第一个词，移动。脸书公司在初创时是一家面向桌面用户的互联网公司，但到 2012 年，它意识到自己的未来发展应该在移动设备上。2012 年，脸书公司有一半的用户从移动设备上登录脸书，但当时脸书公司根本不知道如何从移动设备端赚钱，脸书的 App 和网站也被指责存在页面混乱和页面加载时间过长的问题。脸书公司宣布自己要成为一家从事移动互联网业务的公司，但不知道该怎么做。

第二个词，照片。随着手机的普及，拍照和分享照片的操作变得更加简单，照片分享在当时成为社交媒体的下一个必备功能，并且事实证明了这一点。而脸书公司是在分享文本的时代建立起来的，当时没能跟上最新潮流。

Instagram 则是一个关注照片的热门社交平台。它发布后立刻引起轰动。它的安卓版 App 在发布的第一天就吸纳了 100 万用户。移动端用户在分享照片时更喜欢用 Instagram，而不是脸书。因为 Instagram 以照片为中心，它的页面更简洁，而且它有过滤器。脸书公司意识到 Instagram 在移动设备上分享照片方面胜过脸书，并且担心 Instagram 将成为人们分享照片的主要渠道。

因此，脸书公司用 10 亿美元收购了 Instagram，以确保自己能主导“移动”和“照片”的未来，即使它自己的旗舰 App 脸书还没有做到这一点。当时有传言称谷歌公司和推特公司有意收购 Instagram，所以脸书公司如此果断地介入也就不足为奇了。

反复出现的胜利

早在 2012 年，评论家还不确定脸书公司收购 Instagram 是否是明智之举，一些人甚至称为“网络泡沫”的标志。

但是，Instagram 在之后证明了自己值得脸书公司花费 10 亿美元。Instagram 的用户数量持续增长，从 2012 年的 3 000 万用户增长到 2018 年的 10 亿用户。更值得注意的是，脸书公司成功地将定向广告引入了 Instagram。Instagram 在被脸书公司收购前是一个没有创收计划的照片分享平台，但是它现在每年的广告收入超过 80 亿美元。

此外，Instagram 帮助脸书公司打击了它的潜在竞争对手 Snap 公司。Snap 公司的 App Snapchat 在 2016 开始威胁到脸书的地位，尤其是脸书在青少年群体中的地位。2017 年，Instagram 复制了 Snapchat 最著名的功能 Stories，这打击了 Snap 公司，使 Snapchat 的增长放缓了 82%。Instagram 再次证明了它是脸书公司的宝贵资产。

因此，《时代周刊》杂志称脸书公司收购 Instagram 是“有史以来最明智的收购之一”，这是有道理的。

脸书公司为什么收购WhatsApp？

2014 年，脸书公司以 190 亿美元收购了拥有当时十分受欢迎的即时通信服务 WhatsApp，这引起了热议。这个收购价是脸书公司收购 Instagram 的价码的 19 倍。当时，WhatsApp 拥有 4.5 亿用户，平均每个用户的“收购价”为 42 美元。为什么脸书公司要向一家美国人闻所未闻的即时通信服务软件斥巨资进行收购，尤其在脸书公司已经有了自己的即时通信软件 Facebook Messenger 的情况下？

第一个原因是美国人从未听说过 WhatsApp 和 WhatsApp 事实上十分受欢迎之间的矛盾。WhatsApp 与 Facebook Messenger 非常相似，它们的用户都可以通过互联网发送即时短信。但 WhatsApp 在脸书和 Facebook Messenger 表现较弱的市场上占有巨大的份额，尤其是在巴西、印度尼西亚和南非等发展中国家。

通过收购 WhatsApp，脸书公司进行了聪明的防御战。WhatsApp 在脸书公司占据市场份额小的国家表现强劲，因此这次收购提升了脸书公司的国际影响力。换句话说，WhatsApp 不再是脸书和 Facebook Messenger 的竞争对手，而曾属于竞争对手的用户变成了脸书公司的用户！

第二个原因是数据。WhatsApp 可以向脸书公司提供其数亿用户的个人数据，尤其是脸书公司需要进一步开发的市场的数据，这将帮助脸书公司更好地提供定向广告和服务。由第 3 章可知，定向广告是脸书公司的主要收入来源。

第三个原因是照片。如果阅读过前一节有关脸书公司收购 Instagram 的例子，你对“照片”这个原因应该不会陌生。主导社交平台上的照片市场是脸书公司的一个核心目标，因此它有理由担心 WhatsApp 会对自己造成威胁。2014 年，WhatsApp 的用户每天共发送 5 亿张照片，这比脸书和 Instagram 的用户每天发送照片数量的总和还要多。对脸书公司来说，收购 WhatsApp 是一种夺回照片市场主导地位的明智方式。

专家们分析了更多的理由，但是，我们要讨论的最后一个原因是，脸书公司看重移动领域的主导地位。移动端对脸书公司相当重要，因为脸书公司 91% 的广告收入来自移动端。因此在没有自有移动操作系统的情况下，脸书公司意识到它需要控制尽可能多的流行 App。所以它想将 WhatsApp 纳入旗下是合情合理的，毕竟 WhatsApp 一直是安卓操作系统和 iOS 上最受欢迎的 App 之一。

简而言之，收购 WhatsApp 补了脸书公司业务领域的几个短板：发展中国家市场、用户数据、移动端和照片分享。这是一项投入很多但明智的举措，美国知名的科技博客 Business Insider 甚至盛赞收购 WhatsApp 是脸书公司“有史以来最有价值的收购行动”。

第 10 章

新兴市场

到目前为止，我们主要关注的是西方世界的技术。现在，让我们进一步探索西方科技公司是如何向世界其他地区扩张的，以及这些新兴市场的科技公司是如何在全球舞台上一跃而起的。

西方科技公司最想在哪些国家和地区拓展业务？

2018年，脸书公司宣布，脸书在美国和加拿大的增长停滞不前，实际上，在欧洲的业务也已经开始萎缩。相反，脸书的增长主要来自发展中国家，其中以印度、印度尼西亚和菲律宾等市场增长领先。

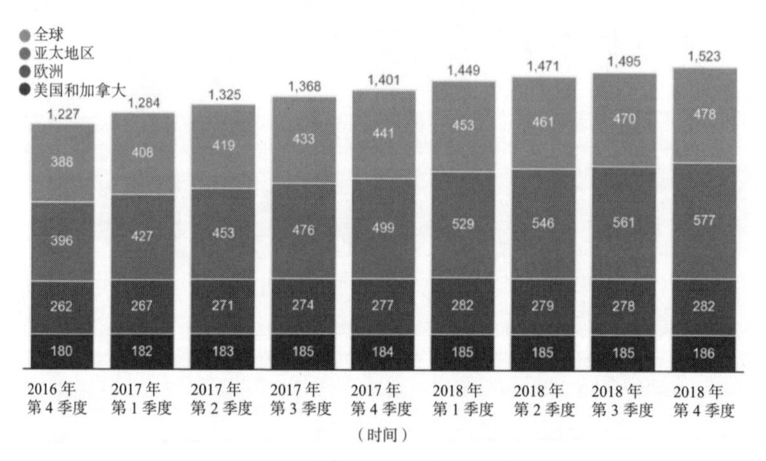

柱状图显示了脸书在全球的每日活跃用户数。脸书在美国、加拿大和欧洲地区的用户增长（柱状图的底部）在2018年停止。来源：脸书公司

脸书公司并不是唯一一家意识到上述情况的西方科技公司。由于西方市场几近饱和，增长空间已经所剩无几，除了脸书公司，谷歌公司、亚马逊公司和优步公司等巨头也在发展中国家大举投资就不足为奇了。但在世界上几十个发展中国家中，西方科技公司进入哪些国家和地区的时机比较成熟呢？

我们认为，发展中世界的五个关键国家和地区——中国、印度、东南亚、拉丁美洲和非洲，正处于技术发展的不同阶段。以下，我们按照“太晚”到“太早”的程度对西方科技公司进入这些市场的时机进行了排序。

非洲 拉丁美洲 东南亚 印度 中国

太早 太晚

按照当地市场的成熟度，以上模型显示，西方科技公司现在进入中国太晚了，进入非洲太早了。

让我们一步一步地看一下这五个国家和地区，并且探究一下我们为什么要这样进行排序。

中国：成熟

长期以来，西方科技公司一直希望向中国扩张。中国经济持续增长，互联网用户数量居世界之首。但是，西方软件科技公司在中国并不成功。由于西方软件科技公司一直无法满足中国网络的监管要求，限制了它们进入中国的脚步。

与此同时，中国本土科技公司发展迅猛，其规模已经变得非常庞大，并且表现出色。2018 年，全球 20 大科技公司中，中国占了 9 家，仅次于美国的 11 家。

电子商务巨头阿里巴巴公司可以媲美亚马逊公司。腾讯公司成为全球最大的游戏公司，也是社交 App 微信的创造者，因此它可以与脸书公司相提并论。百度公司主宰着中文搜索，就像谷歌公司主宰着世界其他地方的网络搜索一样。

不过，硬件科技公司是另外的光景。苹果公司在中国取得了成功，iPhone 在中国的销量超过了在美国的销量。然而，苹果公司在中国的业务并非没有挑战，它与中国手机制造商小米公司的竞争日益激烈。

有趣的是，尽管脸书无法在中国使用，但它仍能在中国赚钱。事实上，脸书全球收入的 1/10 来自中国。这是因为一些中国公司会通过脸书向其国际客户做广告，据悉，这些中国公司每年在脸书上投放价值数十亿美元的广告。

印度：蓄势

印度拥有众多的人口，其市场潜力也是巨大的。面对这样一大块“蛋糕”，西方科技公司自然对其垂涎三尺。

印度人超爱智能手机。据统计，印度全国有超过 10 亿部智能手机，也就是说，印度的智能手机用户比美国的总人口数还多。智能手机在印度如此受欢迎的原因是，大多数印度人直到 21 世纪的头十年（智能手机蓬勃发展的时期）才开始接触互联网，这意味着印度跳过了个人电脑时代，直接进入了移动互联网时代。

2016 年，印度电信运营商 Jio 公司宣布了一项计划，即提供非常廉价的数据服务。这迫使其竞争对手将 1GB 数据流量价格从 4.5 美元降至仅 15 美分。这为印度不断增长的移动经济注入了强劲的动力，让这个原本对移动互联网持保守态度的国家变成了 WhatsApp 和 YouTube 的乐土。

印度对外国公司持相当开放的态度，并且印度没有可以挑战西方科技公司的本土科技巨头。因此，为了赢得印度数十亿智能手机用户，西方科技公司一直在印度投资，其投资规模已达数十亿美元。

自 2009 年以来，脸书公司在印度推出了其核心 App 的“精简版”，并且考虑到 WhatsApp 在印度很受欢迎，脸书公司还在 2014 年收购了它。谷歌公司于 2017 年发布了其核心搜索产品的轻量级版本“谷歌 Go”，并于同年发布了一款专注于印度市场的移动支付 App“Tez”（现在被称为谷歌 Pay）。自 2017 年以来，亚马逊的 Prime 会员数量在印度也呈现爆炸式增长。

在印度发布 App 可不仅仅是对原有 App 进行重新包装。App 的开发者需要针对印度市场量身定做。目前，印度有 29 种语言，母语人口超过 100 万。可以想见，仅仅发布一款英语版本的 App 是不够的，因此 App 的本地化工作显得尤其重要。另外，在印度发布的 App 还需要进行其他一些修改，包括使用轻敲而不是打字（因为在手机上打字很麻烦），减少数据使用量，通过语音合成来朗读文章，以应对印度较低的识字率。

西方科技巨头正在对印度进行令人难以置信的投资，而这些投资似乎也得到了回报。脸书公司的旗舰 App 在印度的用户数比在美国多出数百万，而谷歌公司的安卓操作系统则控制着印度巨大手机市场的 70% 以上。

东南亚：热战

虽然中国和印度的市场情形已经很清晰了，我们也介绍了科技巨头是如何拓展这些市场的，但在东南亚，包括印度尼西亚、泰国和菲律宾，市场的争夺刚刚开始，谁都可以参与进来。东南亚与印度有很多共同之处，就互联网用户数量而言，东南亚是全球第三大市场，这里的人们花在手机上的时间（每天近 4 小时）是美国人（每天仅 2 小时）的两倍。

东南亚就在中国的“后院”，所以很多中国科技巨头已经开始支持当地的初创企业。但这一市场仍然足够开放，西方科技公司可以在此拓展业务。由此可见，东南亚已经成为东西方科技巨头之间相互争夺的头号战场。

西方科技公司已经测试了一些为东南亚量身定制的 App，如脸书公司的社交商务和支付平台，但这些定制 App 的数量远不及印度那么多。事实上，一些专注于印度市场的 App，如谷歌公司的谷歌 Pay 和安卓 Go，现在已经在东南亚推出。（西方科技公司的一般运作模式是，将印度市场的运作方式视为自己在发展中国家拓展业务的蓝图，当产品在印度市场获得成功后，就将其成功运作的模式复制到东南亚。）

对于西方科技公司来说，东南亚的电子商务领域展现出最独特的机会。目前，东南亚没有多少实体零售店，东南亚的人均零售面积是美国的 1/46！当地的电子商务初创企业，如新加坡的 Lazada 和印度尼西亚的 Tokopedia 等，都表现良好，因此西方科技公司可以效仿它们。

东南亚拥有年轻化的人口结构、不断增长的经济、相对稳定的市场环境，以及理想的发展水平（并非欠发达或过度发达）。对东南亚市场的争夺正逐渐演变为国际科技巨头之间的一场类似于《权力的游戏》的“战争”。由于东南亚是由许多法律差异很大的国家组成的，东南亚市场不会像印度（印度的法律体系在全国范围内是一致的）等更统一的市场那样，出现赢家通吃的局面。这意味着，在未来很长一段时间内，对东南亚市场的争夺仍将难解难分。

拉丁美洲：崛起

如果说，西方科技公司在印度拓展业务的最佳时间是昨天，在东南亚拓展业务的最佳时间是今天，那么，在拉丁美洲拓展业务的最佳时间无疑是明天。

西方科技公司已经关注拉丁美洲市场一段时间了，例如，谷歌公司的社交网络 Orkut 在 2008 年至 2012 年是巴西占主导地位的社交媒体平台，但它并没有在整个拉丁美洲引起太大的轰动。

然而，拉丁美洲市场的潜力是巨大的。拉丁美洲国家的 GDP 总和几乎与中国相当，而且拉丁美洲国家同样拥有大量的网民。在针对互联网用户数的国家排名中，巴西排名第四，墨西哥排名第九。

正如 Orkut 的故事所暗示的那样，巴西的社交媒体规模巨大。巴西被誉为“世界社交媒体之都”，因为有 97% 的巴西网民在使用社交媒体。随着 4G 网络的智能手机在拉丁美洲的年轻人中大量普及，移动社交媒体很可能成为这里的主要趋势。如今，安卓操作系统和 WhatsApp 已经在该地区占据了主导地位。

一个最大的危险信号是，拉丁美洲的互联网基础设施没有达到标准，这可能减缓未来的增长速度。

非洲：生机

最后，我们来关注一下非洲。普遍来说，人们认为非洲还不够发达，西方科技巨头在此拓展其业务的时机尚未成熟。例如，非洲的互联网基础设施被认为低于平均水平，非洲的网速比发达市场慢了 4 倍。因此，非洲的互联网普及率几乎只有全球平均水平的一半，也就不足为奇了。而且，智能手机和数据套餐对于普通非洲人来说太贵了。

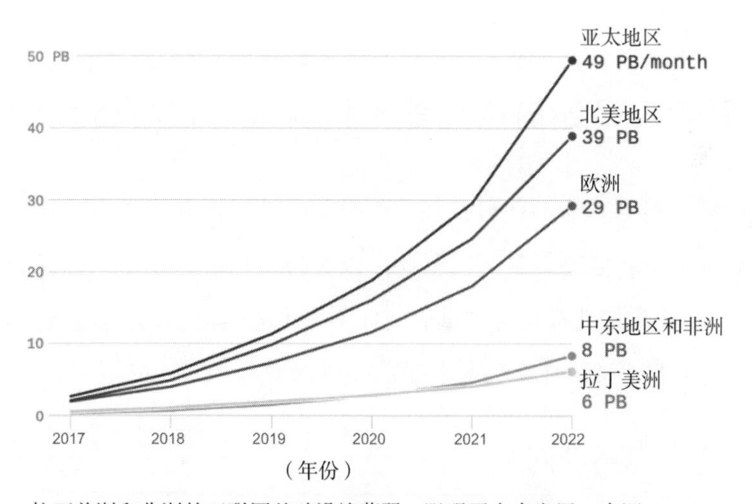

拉丁美洲和非洲的互联网基础设施薄弱，阻碍了未来发展。来源：Axios

虽然智能手机还没有在非洲普及，但功能手机的市场规模是巨大的。例如，

M-Pesa（提供手机金融服务）可以让人们通过功能手机汇款，在肯尼亚这个只有 5 000 万人口的国家中，它拥有超过 1 800 万的用户。KaiOS 的开发商（印度 Jio 公司生产的一些功能手机采用了 KaiOS）认为，非洲的功能手机市场仍有巨大的增长潜力。

由于缺乏互联网的基础设施，西方软件科技公司在非洲的业务举步维艰。它们的应对措施是，加大投资互联网基础建设。脸书公司以其“Free Basics”。项目与撒哈拉以南地区的非洲电信公司合作，为当地人提供免费的互联网接入服务。但问题是，这个项目只允许用户免费访问某些特定网站。（访问脸书的网站或使用脸书的 App 时，都可以免费使用网络。）

对此，支持者认为这是一种让非洲用户上网的好方法，而批评者则认为这是一种让脸书公司获得不公平优势的举动。（“Free Basics”这种免费上网项目已经在很多发展中国家推广开来，但人们对它的评价褒贬不一。例如，印度就禁止这种免费上网项目，因为它违背了网络中立原则。）

肯尼亚人是如何用功能手机完成一切支付的？

我们刚才提到，非洲在科技领域不是很发达。但在肯尼亚，你可以用功能手机支付学费、偿还贷款，甚至还可以支付房租。移动支付在肯尼亚如此受欢迎，以至于肯尼亚被称为“世界上你不太可能想得到的移动支付领导者”。这是怎么发生的，又为什么会发生呢？

发展中国家的银行业问题

手机银行在发展中国家迅速发展的主要原因是，那里的许多人都没有传统意义上的银行账户。在发展中国家有很多现实问题，包括人们普遍缺乏必要的金融知识；许多人没有开设银行账户所需的身份证；银行基础设施薄弱；女性没有权力处理自己的财务；人们完全不信任银行等。

因此，世界上有约20亿人没有银行账户也就不足为奇了。当然，这部分人大部分属于发展中国家。

在西方，人们使用信用卡、借记卡和自动取款机已经有几十年了。但要使用这些工具，你必须信任银行，有银行账户，知道如何使用银行系统。没有这些先决条件，西方金融体系就无法正常运转。

这就是为什么现金一直是发展中国家的主要支付形式。当然，现金也有它的缺点：现金很容易被盗；现金很难随身携带；如果你没有合适数目的零钱，支付过程就会变得很慢；如果发生了欺诈事件，你无法申请退款等。

但随后，一种全新的支付方式出现了。

M-Pesa

2007年，就在功能手机在非洲蓬勃发展之际，肯尼亚电信公司Safaricom推出了一项名为M-Pesa的转账服务，允许人们通过发送短信进行汇款。这项服务一经推出，立刻受到了肯尼亚民众的欢迎。据悉，有2/3的肯尼亚成年人正在使用M-Pesa转账，而M-Pesa平台上的交易额已达到肯尼亚四分之一的国民生产总值。

你可以把M-Pesa想象成减去智能手机、互联网和银行账户的微信零钱包。有了微信零钱包，你就可以把钱从银行存入你的零钱包账户，并且通过App把钱汇给朋友，当然，你也可以把钱汇到你的银行账户来“提现”。与此同时，对于M-Pesa的用户来说，你可以在M-Pesa的任意一个网点（肯尼亚有6.5万个M-Pesa网点，通常在加油站或街角的商店里）把现金存入你的M-Pesa账户，还可以通过发短信来给朋友汇款，以便从其他M-Pesa网点取钱。

换句话说，M-Pesa 的运作只需要手机（甚至不需要智能手机，有功能手机就够了）和一些现金。M-Pesa 很早就面世了，甚至比 2009 年就推出的美国小额支付平台 Venmo 还要早！

肯尼亚某处的 M-Pesa 网点。你可以在那里将现金存入你的 M-Pesa 账户，或者从你的 M-Pesa 账户中取钱。来源：WorldRemit Comms via Flickr

很多在城市工作的肯尼亚人都需要把钱寄回农村老家，这使得 M-Pesa 在肯尼亚迅速走红。正如我们所知道的那样，在农村生活的肯尼亚人大多没有银行账户，所以支票或电汇是行不通的。此外，在肯尼亚还面临一些现实问题：到偏远地区的交通成本很高；由于邮政基础设施很差，邮寄任何东西都很难成功；寄现金是有风险的。

但是，即使在 2007 年，超过一半的肯尼亚人都有了手机。因此，借助 M-Pesa，人们终于有办法给在农村的家里汇款了。M-Pesa 太好用了，事实上，一项研究表明，一旦开始使用 M-Pesa，农村家庭的收入可增长 5%~30%。

此后，M-Pesa 的业务扩展到了贷款、储蓄和商业支付领域。要知道，所有这些服务都不要求你拥有银行账户。2018年，Safaricom公司宣布与西联汇款公司合作，允许M-Pesa的用户向西联汇款公司的用户汇款，反之亦然。这意味着，肯尼亚人可以使用M-Pesa向使用西联汇款的德国人汇款。

M-Pesa目前拥有3 000万用户，它的前景一片光明。这表明，即使使用最简单的技术，移动支付也能实现可观的增长。

微信是如何成为中国“国民App”的？

在美国，你可以用谷歌地图找到一家餐厅，然后用优步打车到那里，可以用Apple Pay支付餐费，可以用Yelp点评这家餐厅，还可以用脸书将今天发生的事告诉你的朋友。在中国，你可以用腾讯公司的微信App来做所有这些事情。

事实上，你可以用微信做几乎任何事情，从预约医生到叫出租车，再到支付账单。微信最初只是一个即时通信App，但之后，它被集成了大量的功能。微信已成为中国人一个必不可少的工具，以至于有9亿人都在使用它。事实上，很多人都认为微信是中国的“国民App”。

可以说，我们很难找到比微信更能主导中国市场的App了。那么，微信是怎么成为中国的“国民App”的呢？

微信成功的原因

在中国，微信无疑是非常成功的，它集成了大量功能，如同“瑞士军刀”一样“无所不能”。以下是我们可以想到的微信之所以能成功的三大原因。

首先，微信拥有创建有趣的、病毒式传播的信息的功能。2010年，在微信刚刚推出后不久，它就开始让你“摇一摇”手机，随机与其他用户联系。

你也可以在“漂流瓶”中放入一条信息，然后将其随机发送给一个微信用户，希望有人能对此回应。按照西方的标准，这些功能可能有些奇怪，但中国用户喜欢它们，并且开始成群结队地使用微信。

最著名的是，在 2014 年，微信将红包这一古老的传统数字化。在春节等节日，中国人会互送装有现金的红包。由于人们都很喜欢给朋友发红包，而这些朋友逐渐也都成了微信好友（微信毕竟是一个即时通信 App），那么人们纷纷开始使用微信红包功能就不足为奇了。此外，微信还对新加入的用户提供了极大的激励机制。例如，类似“快注册一个微信账户吧，我好给你转点钱”这样的宣传话术。是的，这一招确实管用，它应该从未失败过。

更重要的是，微信把红包变成了一种游戏，即“抢”红包。你可以向一个群里的朋友发送金额随机分配的拼手气红包，这让人们迫不及待地想打开任何在微信上收到的红包。甚至还有一种更有趣的玩法，你可以在一个群里发一个定额红包，但只有群里第一个打开红包的人才能得到该红包。这一机制让很多人着迷地查看自己的微信，以便不错过任何发到群里的红包。

最精彩的是，任何想发送红包的人都必须将自己的银行账户绑定到微信。一旦人们这样做了，微信很容易就能让人们使用微信的支付系统，即微信支付，来购买电影票、支付账单、打车等。事实上，红包功能一经推出，微信支付的用户数量就从 3 000 万激增到 1 亿。红包功能甚至被认为是帮助微信支付超越其主要竞争对手支付宝的“得力干将”。微信支付的成长使得微信不再仅仅是一个即时通信 App，它使微信成为综合性多功能的 App。是的，在中国，你可以用微信做几乎所有的事。

其次，微信在正确的时间出现在了正确的地点。2010 年，就在微信发布前夕，中国智能手机的销量仅为 3 600 万部，但仅仅在两年后，这个数字就暴增至 2.14 亿部。而且，由于微信在 2010 年迅速在智能手机的应用上站稳脚跟，它的增长速度几乎与智能手机一样快。

最后，微信作为一个本土软件，非常遵守中国的政策法规，这些都有助于微信在与外国竞争对手的竞争中胜出。

微信与中国官方的合作非常深入。中国政府 2018 年宣布，将微信与中国的电子身份认证系统整合在一起。这有助于政府发展身份认证项目，同时也使微信成为中国国民更加必不可少的 App。

西方可以借鉴的经验

也许是因为微信太清楚中国的文化和法律了，以至于它在中国取得了空前的成功。虽然微信在中国以外的地方并没有太多的应用，但不可否认的是，它的确影响了很多西方科技公司。

最值得注意的是，微信开创了将即时通信 App 作为操作系统的概念。在西方，iOS 或安卓操作系统是手机的操作系统，如果你想预约医院或进行投资，你必须从苹果商店或谷歌的应用商店安装相应的 App。

但在中国，微信实际上相当于手机的操作系统。你想做的任何事情，包括预约医院和进行投资，都可以通过微信的“公众号”或“小程序”来实现。当一个 App 可以完成所有任务时，用户几乎不需要再安装其他 App。这样做的好处是，通过微信，每个公众号和小程序都可以共用你的身份和支付信息，而在西方，你必须为优步、PayPal 和几乎所有其他 App 设置一个单独的账号，你必须在每个 App 上输入你的信用卡号。

所以，无论你用的是 iPhone 还是安卓手机，这都不重要，只要它能运行微信就行。这对于苹果公司来说是个挑战，因为曾经让人们迷上 iPhone 的高质量 App 和 iOS 都已经不再重要了。相反，像小米公司这样的中国手机制造商能以更低的价格提供与 iPhone 配置类似的安卓手机。若排除应用层面的因素，iPhone 在中国市场唯一的独特之处在于，它们仍是奢侈品的象征。

微信也启发了脸书公司。其实，脸书公司一直想控制操作系统，但不得不遵守谷歌公司为安卓设定的规则，以及苹果公司为 iOS 设定的规则。所以脸书公司想让其 Facebook Messenger 成为西方版的微信。因为如果人们通过 Facebook Messenger 可以做任何事情，那么脸书公司就可以控制整个用户体验，而不用关心用户所用的操作系统是安卓还是 iOS。这可能就是脸书公司近年来将如此多的功能（从支付到游戏，再到商业聊天机器人）加入 Facebook Messenger 中的原因。

正如你所看到的，微信影响了整个世界，而世界各地的人们也都可以从中借鉴有用的经验。

在亚洲你是如何用二维码支付几乎所有消费的？

在中国，向街头艺人支付现金已经是闻所未闻的事了。事实上，你可以用手机扫描二维码支付几乎一切费用。通过扫描二维码来给乞丐钱和送结婚贺礼都是常见的应用场景。在新加坡的美食广场，你经常会看到，使用二维码支付的人比在收银台付款的人还多。

那么，在亚洲的许多地方是如何实现手机支付的呢？为什么要用二维码支付呢？

微信支付和支付宝

在中国的许多地方，你几乎不再需要随身携带钱包。用手机来支付餐费、共享单车、手机话费，甚至租金已经足够方便了。带来这种便利的正是我们之前提到的大规模移动支付服务，即腾讯公司的微信支付（拥有 9 亿多用户）

和阿里巴巴公司的支付宝（拥有5亿多用户）。

与M-Pesa不同，微信支付和支付宝需要银行账户、电话号码和身份证，而且你必须有一部智能手机才能付款。当然，中国与非洲不同，在中国，几乎所有人都有智能手机。

在中国，从街头小贩到高档餐厅，每个人都可以通过扫描二维码来付款。二维码流行的原因是，它很容易上手。用微信或支付宝扫描一个二维码，就可以立即给某人或商户汇款。任何人也都不需要POS机、收银机或任何其他特殊硬件，只需打印或出示一个二维码就能进行收付款。

微信支付和支付宝主要在中国使用，但在2018年，微信支付扩展到了马来西亚。因此，我们有理由相信，这些App可能继续扩张其势力范围。

Grab和Go-Jek

二维码支付在东南亚也越来越流行。要了解其中的原因，你必须首先了解移动支付是如何在东南亚崛起的。

东南亚最大的两个移动支付系统是新加坡的Grab和印度尼西亚的Go-Jek。顺便说一句，Grab是由阿里巴巴公司支持的，Go-Jek是由腾讯公司支持的。因此，虽然Grab和Go-Jek可能在东南亚占据主导地位，但它们并没有与中国支付巨头直接竞争。

Grab和Go-Jek都是提供共享出行服务的公司。Go-Jek可以让你叫摩托车，它在印度尼西亚市场占据主导地位。Grab可以让你像优步那样叫出租车，它在东南亚其他国家的市场占据主导地位。除此之外，两者是非常相似的App。

共享出行是件好事，但这些初创公司之所以受到如此大肆的炒作，是因为它们所拥有的数百万用户现在已经将自己的支付信息输入到App中，并且开始将资金存在 App 的数字钱包中。让人们在你的 App 中存钱是一个很大的挑战，但是一旦你让他们这么做了，无论是通过巧妙的红包促销，还是让他们为拼车付费，你就可以开始向他们销售任何东西。

这正是 Grab 和 Go-Jek 一直在做的事情。现在，在 Go-Jek 上，你可以购买食品、寄包裹、买药（支持送货上门）、修空调、洗衣服，甚至可以约按摩服务。这些服务有什么共同之处呢？它们都在向你卖东西或服务，这就是为什么说移动支付体系要先建立起来才是关键。你不会仅仅为了做个按摩而在 App 中进行麻烦的支付设置，但如果 App 中已经有钱了，那么做个按摩就会变得更便利和更有可能了。

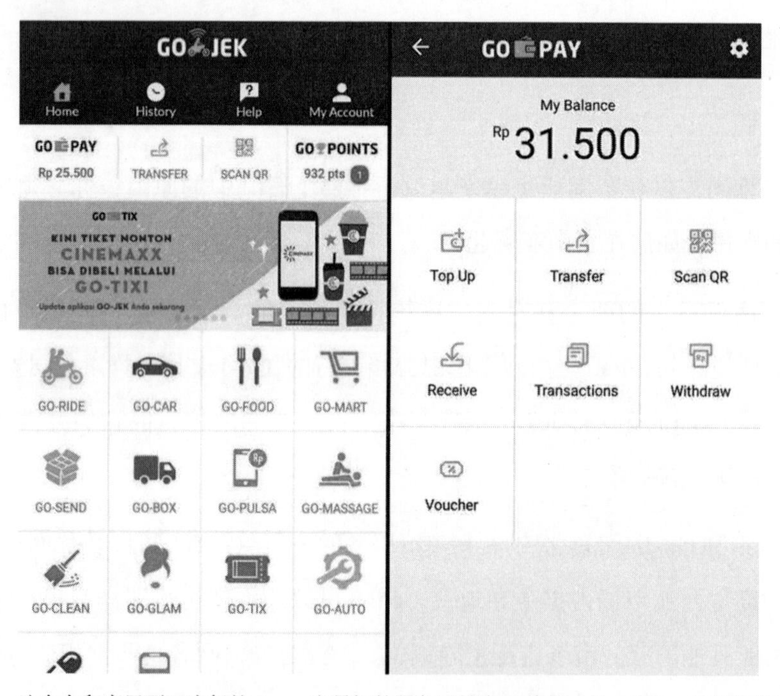

Go-Jek，这个在印度尼西亚流行的 App，它最初的服务只是为了叫摩托车，现在，它的服务已经扩展到给朋友汇款（GO-PAY）、化妆（GO-GLAM）和打扫房子（GO-CLEAN）等。来源：亚洲科技

当然，在购买各类产品或服务时，你也可以通过扫描二维码来支付。

Grab 和 Go-Jek 已经取得了巨大的成功。例如，优步曾试图向东南亚市场扩张，但最终被“击败”，不得不将其业务出售给 Grab。（对于想成为“亚洲优步”的公司来说，这个结果也不算坏！）

但争夺东南亚市场的较量仍在日趋白热化。Go-Jek 和 Grab 已经扩张到对方的地盘，Go-Jek 将业务扩张到新加坡，而 Grab 将业务扩张到印度尼西亚。除了彼此之间的博弈外，它们还与新加坡的 PayNow 和 Dash、马来西亚的 Razer Pay、菲律宾的 InstaPay，以及越南的 VNPay 等规模较小的当地支付系统展开竞争。

Paytm

在印度，二维码和移动支付的发展速度不及中国和东南亚，但在移动支付初创公司 Paytm 的带领下，它们已初具规模。

Paytm 最初只是一个移动支付平台。你可以将银行账户里的存款充值到平台（类似微信支付）或将现金存入该平台（类似 M-Pesa），然后将平台里的钱支付给朋友和商户。2016 年，印度政府将 500 卢比和 1 000 卢比的纸币“废除”，使其不再是法定货币，并且迫使人们购买新版的纸币，Paytm 的业务因此获得了巨大的推动。这给了印度人一个尝试无现金支付平台的额外理由。于是，Paytm 迅速发展起来，并且几乎在一夜之间就获得了超过 1.5 亿用户。

就像 Grab 和 Go-Jek 一样，Paytm 也决定努力成为下一个微信，它提供越来越多的功能，并且销售越来越多的东西。如今，你可以在 Paytm 上发送信息、支付账单、在线购物和玩游戏。Paytm 甚至已经开始允许用户使用“小程序”。当然，在支付方式上，Paytm 用户现在只需扫描二维码就可以付款了。

简言之，移动支付已经在亚洲各地蓬勃发展，因为这是一种巧妙的商业模式的核心，即一旦获得了人们的支付信息，你就可以尝试成为下一个微信，并且完全主导相关的科技领域。

东西方科技公司的战略有何不同?

有人说，中国和美国的科技公司陷入了一场争夺发展中国家市场的“战争”，而中国和美国则被广泛认为正在为人工智能、电信技术，甚至未来互联网的主导权进行激烈竞争。

中国和美国的科技公司各具特色，它们的产品也不是彼此的复制品。正如你在这一章中所看到的，东方科技公司和西方科技公司是截然不同的，但它们究竟有何不同？这对两国的竞争又有何影响呢？

直接和间接

如果你生活在印度或东南亚，你很可能听说过谷歌公司、脸书公司、亚马逊公司和其他西方科技巨头，因为你见过或使用过它们的 App。但是，你可能从未听说过像阿里巴巴和腾讯这样的中国大公司，而正是这些中国公司在幕后支持着数十个你经常使用的且在当地最受欢迎的 App。

这反映了一个更大的趋势。当西方科技公司在新兴市场拓展业务时，它们往往只是引入其现有的 App 和商业模式。发展中国家的用户使用的是与欧洲和北美用户相同的脸书、iPhone 和 YouTube。即使西方科技公司发布了针对发展中国家的定制产品，这些产品也只是原版产品的衍生产品。以谷歌 Go 和安卓 Go 为例，它们只是谷歌针对印度市场的改进版本。谷歌公司对谷歌搜索和安卓操作系统分别进行了调整，形成了现在的谷歌 Go 和安卓 Go。谷歌 Go 和安卓 Go 的外观和给人的感觉可能与原版有所不同，但在本质上，它们只是对原有产品的改进。

与西方科技公司的做法不同，中国的科技公司通常不会仅仅将经过调整的中国版 App 投放到其他市场。相反，它们倾向于投资当地企业，从而为当地市场开发定制的 App 和商业模式。

例如，阿里巴巴尚未在中国境外设立与淘宝网或天猫同名的电子商务网站，但它收购了许多处理网上购物、移动支付和快递等与电子商务有相关业务的公司的股份。阿里巴巴参股的公司包括：印度的 Paytm、新加坡的 Grab、印度尼西亚的电子商务初创公司 Tokopedia 和巴基斯坦的电子商务初创公司 Daraz。通常，阿里巴巴会对这些初创公司投入足够的资金，以对这些公司的未来有一定的发言权，但这不会让阿里巴巴的品牌效应影响这些初创公司。

腾讯也做了类似的事情。腾讯试图将微信这一业务拓展到其他国家，但它很少单打独斗，通常是通过与当地公司的密切合作来实现的。为了向马来西亚和泰国市场扩张微信业务，腾讯与当地的打车 App Easy Taxi 合作，进而在当地版的微信中推出了一项打车功能。为了在新加坡拓展微信业务，腾讯与新加坡电子商务初创公司 Lazada 合作，在新加坡版的微信中加入了一些 Lazada 的特殊功能。

和阿里巴巴一样，腾讯也在发展中国家投资了很多初创企业，例如，印度尼西亚的 Go-Jek、印度的 Ola（打车 App）和印度的 Dream11（体育游戏 App）。腾讯在游戏领域尤其积极进取，它投资了很多游戏制作公司，包括《堡垒之夜》的制作公司 Epic Games（这是一次十分著名的投资事件）。可以说，从韩国、冰岛到日本都有腾讯的投资"足迹"。（这些投资也可能是未来吸引当地居民使用微信的诱饵。）

在印度，东西方科技公司的战略差异最为明显。2010 年代中期，亚马逊公司和阿里巴巴公司都曾试图占领印度的电子商务市场。亚马逊公司从 2014 年开始尝试在印度推广 Prime 服务，而阿里巴巴则在 2015 年投资印度当地的初创企业 Paytm。

为什么会有这样的差异呢?

东西方科技公司拓展业务的方法不同源于商业模式的不同。长期以来,西方科技公司一直专注于创建能够轻松成长或扩大规模的商业模式。无论是卖广告(如谷歌公司和脸书公司)还是卖手机(如苹果公司),它们在世界各地都可采用同样的方法。世界上的每家公司都想卖广告,而世界上的大多数人都想买手机。因此,除了需要修改表述语言外,西方科技公司的 App 和商业模式几乎不用改变什么就可以在世界各地以相同的方式运作。

在那些基础设施并不很完善的国家中,中国科技公司因在支付和配送方面做得非常出色,从而脱颖而出。但是,在不同的国家,支付和配送的方式是非常不同的。正如《经济学人》所言,成为新加坡的城市配送专家并不代表你能在印度尼西亚的数千个岛屿间配送货物。理想的解决方案往往是针对每个国家的特殊情况量身定制的,因此,中国公司倾向于让这些国家的企业家建立符合其国情的公司,并且在时机成熟后收购这些当地的公司。

东西方科技公司所选择的这两种战略显然都很有效。美国科技公司具有的令人难以置信的可扩展性,这为它们进入新市场提供了巨大的领先优势。例如,当亚马逊进入印度市场时,它已经拥有了庞大的物流基础设施、成熟的支付系统、良好的品牌影响力,以及与其他关联公司的良好关系。与此同时,通过为每个国家量身定制产品和商业模式(这显然很难实现规模化),可以确信,中国科技公司无论面对怎样的市场,都将处于有利地位。

然而,这两种战略又都有其各自的缺点。虽然美国科技公司的产品和商业模式可能可以应对大多数的国家,但它们可能并不适合某个特定国家。(想想谷歌公司为什么要在印度发布谷歌 Go 和安卓 Go,这表明标准的谷歌 App 和安卓系统并不完全适合印度。)而中国公司最终支持了一批经常相互竞争的初创企业。例如,阿里巴巴所支持的东南亚电子商务初创企业 Tokopedia(印度尼西亚最大的电商平台）和 Lazada（东南亚地区最大的在线购物网站之一），这两家公司在该地区的很多国家内都存在竞争关系。

意见一致

因此，东西方科技公司的这两种战略各有所长，也各有所短。事实上，东西方科技公司已经开始互相借鉴对方的战略。沃尔玛在 2018 年收购了印度电子商务巨头 Flipkart，而不是仅仅试图在印度建立多家沃尔玛超市和在线配送服务。谷歌公司的做法就更“东方化”了，它在 2018 年开始投资印度尼西亚打车公司 Go-Jek 和印度电子商务初创公司 Fynd。同年，阿里巴巴发布了几款全球通用的云计算产品，这标志着阿里巴巴首次在中国境外推出了阿里巴巴品牌的产品。

因此，虽然尚不清楚在东西方科技公司之间谁将最终赢得这场所谓的“市场争夺战”，但有迹象表明，双方都在从海外竞争对手那里汲取经验。

第 11 章

技术政策

互联网已经成为我们购物、阅读新闻、社交、研究和做生意的主要渠道。因此，技术世界所遇到的围绕反垄断、言论自由、隐私等的长期政策和法律辩论的问题，也就不足为奇了。

在本章中，我们将研究几个案例，来看看一些争论是如何演变成政策斗争的。另外，我们将探讨政府是如何开始监管科技公司的。前方道路颠簸，请系好安全带。

康卡斯特公司是如何出售你的浏览记录的？

2016年，美国联邦通信委员会（负责监管电信和互联网的美国政府部门）发布了一项规定，要求互联网服务提供商（Internet Service Provider，ISP）在向广告商出售用户的浏览记录前必须征得事主的同意。但在2017年，美国国会通过了一项法案，废除了这些“宽带隐私”规定。换句话说，2017年的裁决允许互联网服务提供商随意出售用户的信息。对此，消费者维权人士感到愤怒。

这些互联网服务提供商到底是谁呢？它们有哪些用户信息？它们出售这些信息有错吗？让我们把这些问题一一道来。

持续监视

每当你通过Wi-Fi上网或通过有线电视系统观看电视节目时，你都在消费所谓的“宽带”内容。互联网服务提供商、有线电视服务商等向你提供这些内容。换句话说，它们是为你提供家庭网络和有线电视的公司。美国的大型互联网服务提供商包括康卡斯特公司、美国电话电报公司、Verizon公司、CenturyLink公司、Cox公司和Spectrum公司。

不要把上述那些公司与向你提供4G和移动服务的电信公司混为一谈。电信公司包括Verizon公司、美国电话电报公司、Sprint公司和T-Mobile公司。（注意，两份名单上都有Verizon公司和美国电话电报公司！）

由于互联网服务提供商处在你和你要访问的每个网站之间，它们拥有你所有的浏览记录。然后，它们可以把这些浏览记录，连同你的年龄和位置等统计信息一同卖给广告商。广告商则可以利用这些信息来对你投放定向广告。互联网服务提供商所掌握的用户信息无疑是一个珍贵的信息宝库。在对你的信息的了解程度上，它们甚至让脸书公司和谷歌公司都相形见绌。隐私保护主义者表示，互联网服务提供商甚至可以劫持你的谷歌搜索结果，或者在你浏览的网站上插入广告。一个特别臭名昭著的例子是 Verizon 公司的“超级 Cookie”。这是 Verizon 公司曾经安装在用户手机上的跟踪器，可以跟踪你访问过的每个网站，但 Verizon 公司没有提供卸载它的方法。（后来，虽然 Verizon 公司封杀了超级 Cookie，但隐私保护主义者表示，它可能改头换面卷土重来。）

垄断“游戏”

由于大量的合并和收购，互联网服务提供商在美国大部分地区都处于垄断地位。美国联邦通信委员会估计，在选择高速互联网服务提供商时，75% 的美国家庭没有选择或只能二选一。换句话说，美国的互联网服务提供商处于垄断地位。正如前文所述，互联网服务提供商拥有你的浏览记录，并且出售你的个人信息。如果你不喜欢它们做的这些事情，那就很尴尬了，因为你没有其他选择。而且，可以预见的是，垄断还导致了上网速度变慢和网络资费上涨。例如，美国电话电报公司在加利福尼亚州的库比蒂诺处于垄断地位，但它在得克萨斯州的奥斯汀要与另一家互联网服务提供商进行竞争。不难想象，库比蒂诺的网络资费会更高一些。而事实也正是如此，对于相同的服务项目，库比蒂诺的消费者比奥斯汀的消费者每月要多向美国电话电报公司缴纳 40 多美元的费用！

遗憾的是，由于反垄断监管松懈，以及电信行业门槛很高，这些垄断企业似乎很难被拆分或监管。兴建提供互联网连接所需的大规模基础设施是非常困难的，甚至连谷歌公司也很难做到。谷歌公司曾试图规划“谷歌光纤”

项目，以成为超高速互联网服务提供商，但在项目执行过程中遇到了困难，并在 2017 年大幅缩减项目规模。

由于互联网服务提供商几乎都是垄断企业，而它们都有出售用户信息的“习惯”，这对于消费者来说尤其不利。如果你的互联网服务提供商正在出售你的浏览记录，那么无论你喜欢与否，你都得接受这一现实，因为除了完全放弃互联网，你没有其他选择。

监管与否

在 2016 年之前，几乎没有针对互联网服务提供商向他人出售用户信息的规定。但在 2016 年，美国联邦通信委员会通过了一项规定，称互联网服务提供商必须在获得用户明确的许可后，才能将用户的浏览记录出售给他人。网络隐私保护主义者当时还为这一“胜利”庆祝了一番。

但好景不长，在 2017 年，阿吉特·派成为美国联邦通信委员会的新主席，在他的支持下，美国国会取消了保护用户隐私的规定。这意味着，互联网服务提供商可以在未经用户同意的情况下向他人出售用户信息。

消费者权益保护者谴责这一裁决，称这是互联网服务提供商的擅权行为，侵犯了消费者的隐私。而裁决的支持者表示，这是公平的做法，因为之前的信息出售规定并不适用于脸书公司和谷歌公司，这两家公司却通过利用用户信息从定向广告中赚取了数十亿美元的利润。裁决的支持者表示，互联网服务提供商需要用户定向能力，才能与脸书公司和谷歌公司竞争。

这场有关用户隐私的“战斗”远未结束，甚至遥遥无期。但幸运的是，我们至少看到了一个有趣的结果。在美国联邦通信委员会撤销宽带隐私规定后，科技新闻网站 ZDNet 依据《信息自由法》（*Freedom of Information Act*）提交了一份请求，要求查看为新规定摇旗呐喊的美国联邦通信委员会新任主席阿吉特·派的浏览记录。但是颇具讽刺意味的是,美国联邦通信委员会表示,他们没有任何有关信息。

免费的移动数据是如何伤害消费者的?

如果你在英国生活,选择 Virgin Media(维珍传媒)作为移动通信运营商,那么好消息是,在使用 WhatsApp、脸书 Messenger 和推特时,你无须为这些 App 所产生的流量付费。

同样,在美国,如果你是美国电话电报公司的用户,你可以免费使用美国电话电报公司的流媒体服务 DirecTV Now,也就是说,不管你用 DirecTV Now 看多少部视频,美国电话电报公司也不会向你收取任何数据费用。

这种对某些 App 的数据流量不收费的做法被称为“零费率”。这听起来很棒,谁不喜欢无限制地发信息和随心所欲地看视频呢?但一项重要的研究发现,对于消费者整体而言,零费率实际上使无线数据变得更加昂贵。这是为什么呢?

事实证明,零费率是目前围绕网络中立展开的政策辩论中最引人注目的前沿问题之一。在解释零费率会带来什么影响之前,让我们先深入研究一下网络中立。

网络中立

简单地说,网络中立是互联网服务提供商应该平等对待所有数据的原则。互联网服务提供商不应给予任何数据优待;不应允许任何电影、推特或 GIF 的传输速度比其他数据快,或者在零费率的情况下,针对某些 App 的数据给予低于其他数据的价格(这将使这些数据背后的 App 对消费者更具吸引力)。

从根本上说，互联网服务提供商控制着互联网的接入。你在互联网上消费的一切都是通过 Verizon 和康卡斯特等公司实现的。这给了互联网服务提供商很大的权力，即它们可以通过降低竞争对手的数据传输速度，来给予某些 App 或网站特权。但是，如果互联网服务提供商的“天平”向支付最多费用的公司倾斜，那么对消费者来说，这将是巨大的损失。互联网失去了开放性和创新，将导致竞争受到限制及经济增长放缓。

网络中立组织呼吁终止互联网服务提供商为了利润而不公平地利用其权力所采取的三种做法。

一是“屏蔽”。即互联网服务提供商完全禁止某些 App 或网站在其网络上的数据传输。最臭名昭著的例子是，美国电话电报公司试图禁止那些没有支付更昂贵的数据套餐的用户使用 FaceTime。这是一种迫使用户向美国电话电报公司支付更多费用的直白方式。与美国电话电报公司签订合同的用户如果想使用 FaceTime，除了支付更多的费用来升级套餐别无选择，因为他们所有的 FaceTime 数据都通过美国电话电报公司传输。

二是“限速”。完全屏蔽一个网站显得有些欲盖弥彰，因此许多互联网服务提供商更喜欢“限速”这一更微妙的方法。限速是指互联网服务提供商刻意降低特定网站（通常是竞争对手网站）的数据传输速度。2013 年和 2014 年，康卡斯特公司和 Verizon 公司分别降低了奈飞的数据传输速度，这或许是因为它们想推动自己的视频流媒体服务。限速所带来的影响是如此之大，以至于奈飞公司不得不向康卡斯特公司和 Verizon 公司支付费用来解除这种限制。可以看到，康卡斯特公司和 Verizon 公司利用它们的用户资源优势，让自己的产品获得了不公平的优势，并且还从奈飞公司那里榨取了利润。

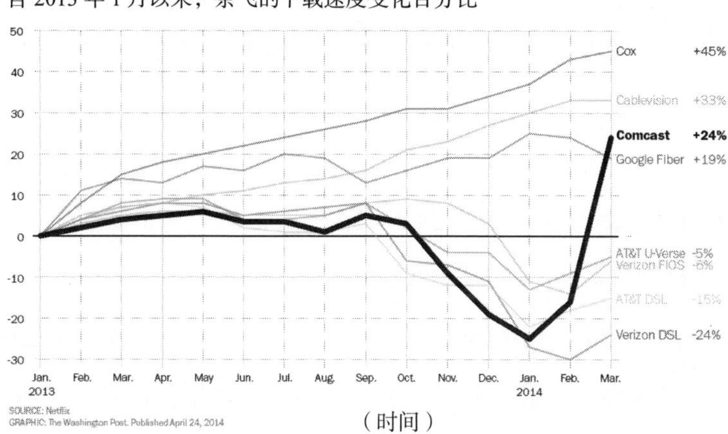

在一个限速的案例中，奈飞公司发现由康卡斯特接入的网速突然下降，直到奈飞公司 2014 年 1 月向其付费后，由康卡斯特接入的网速才得以飙升。来源：Technical.ly

三是“付费优先”，即互联网服务提供商与某个网站达成协议，让该网站获得比竞争对手更快的数据传输速度。付费优先也被称为付费“快车道”，近年来，它比屏蔽和限速应用得更加普遍。零费率是付费优先的一个完美体现。接下来，我们将深入探究零费率，了解它为什么会损害消费者的利益。

零费率

我们回忆一下零费率的情况，该服务是指，互联网服务提供商允许用户在使用某些 App 时不必支付由此产生的数据费用，并且以此向这些 App 的开发者收取高额的费用。这使得那些有“特权”的 App 较之竞争对手有了很大的优势。你是想一边看着线上视频，一边提心吊胆地惦记数据流量的账单，还是想在不计流量费的 App 或网站上随心所欲地观看自己想看的节目？我想，答案应该是显而易见的。

但是，零费率损害了很多初创企业的利益。以维珍传媒的情况为例，该公司对用户使用 WhatsApp、脸书 Messenger 和推特所产生的流量不进行计费。

为了享受这些“特权”，这些 App 背后的大公司肯定能够支付得起维珍传媒的费用。但是，一家有可能打造出下一代伟大的即时通信 App 的初创公司肯定做不到这一点，因此，与更富有的竞争对手相比，初创公司将处于明显的劣势。只有 200 名员工的小型视频网站 Vimeo 表示，它无法维持与拥有 T-Mobile 的德国电信（Deutsche Telekom）达成的零费率协议。换句话说，零费率有利于那些根深蒂固的科技巨头，但抑制了创新。

当互联网服务提供商能够推广自己的产品，并且能有效地获得比竞争对手更大的免费优势时，情况就更糟了。美国电话电报公司对自己的 DirecTV Now 视频流媒体服务采取零费率的策略，就是一个很好的例子。该策略为 DirecTV Now 带来了巨大的竞争优势，它一方面帮 DirecTV Now 锁定了用户群，另一方面则将 DirecTV Now 的竞争对手拒之门外。现在，DirecTV Now 的零费率对用户来说是一笔好买卖。但是，如果 DirecTV Now 把它的所有竞争对手都赶出了市场，那么美国电话电报公司马上就可以停止 DirecTV Now 的零费率，并且提高数据的价格。这时，用户将无从选择，只能“任人宰割”。

正如我们之前提到的，欧洲非营利组织“Epicenter.works”对 30 个欧洲国家的零费率情况进行了研究。该组织发现，当一个国家允许零费率时，移动通信运营商就会提高移动数据套餐价格。我们看到的情况也正是如此，在禁止零费率的国家中，移动数据套餐的价格则稳步下降，而在允许零费率的国家中，移动数据套餐的价格实际上有所上升。

为什么会出现这种情况呢？因为，移动通信运营商一旦能够利用零费率来吸引用户，它们就不用在套餐价格或网络质量上与其他运营商进行竞争，它们自然也不用再考虑给用户让利或提高网络服务质量。

网络中立的历史

到目前为止，我们讨论了没有网络中立的情形。至少在美国，实现网络中立的历史是曲折的。21世纪以来，网络中立曾在一段时间内得以实现，但好景不长。

直到2002年，负责监管互联网服务的美国联邦通信委员会才开始对互联网服务提供商进行监管，当时它将监管措施划至相对宽松的第1条款下。不过，第1条款并不算作网络中立。

2015年，美国联邦通信委员会开始根据更严格的第2条款对互联网服务提供商进行监管。该条款禁止屏蔽、限速和付费优先（提供有偿的差异化接入服务）。换句话说，第2条款加强了网络中立原则。网络中立的支持者对此非常激动。但在2017年，新任的美国联邦通信委员会主席阿吉特则将互联网服务提供商重新划分至第1条款，这实质上破坏了网络中立。阿吉特认为，强制网络中立使得互联网服务提供商减缓了高速宽带连接的普及速度，而且第2条款已经过时了。

不过，阿吉特可能算不上是最公正的决策者，毕竟，他曾是Verizon公司的一名律师！

英国医生是如何让谷歌公司删除关于他医疗事故的搜索结果的？

2014年，一名英国医生要求谷歌公司删除50条关于他过去的一些拙劣医疗事故的文章链接。根据一项新的欧洲法律，谷歌公司同意删除3条搜索结果。此前，如果有人在谷歌上搜索这名医生的名字，就会出现这些搜索结果。

如今，有关医疗事故的搜索结果被删除了，人们将无法据此来选择医生。可以想象，公众对谷歌公司删除搜索结果的行为是非常愤怒的。如果医疗事故的结果没有显示出来，病人可能由于缺乏判断依据而做出不明智的决定，这直接关系着他们的健康。那么，谷歌公司为什么会被迫遵从删除医疗事故搜索结果的要求，这一趋势是好是坏？

被遗忘权

很多人都想删除一些不光彩的记录，而迫使谷歌公司删除链接的故事始于 1998 年的西班牙。那一年，一个名叫马里奥·科斯特加·冈萨雷斯的人欠下了一些债务，而一家当地的报纸对此进行了报道。2010 年，让冈萨雷斯感到沮丧的是，尽管欠债的事已经过去十多年了，但用谷歌搜索他的名字时，仍然能搜到那条新闻，这损害了他的声誉。所以冈萨雷斯要求谷歌公司删除这一搜索结果。2014 年，欧洲法院裁定，在欧盟，隐私权包括“被遗忘权”。

根据这项法律，你如果在欧盟的国家使用谷歌搜索你的名字，能搜索到有关你的包含“不充分、不相关或不再相关”信息的网站，就可以要求谷歌公司将该网站的链接从搜索结果中删除。

用户可以访问谷歌网站，通过填写表单来要求删除某个搜索结果。谷歌公司必须决定是否受理这些请求。谷歌公司必须在隐藏信息的程度和公众了解信息的重要性间进行权衡。如果谷歌公司不遵守欧盟的法律，或者欧盟不接受谷歌公司的决定，欧盟可以对谷歌公司采取法律行动。

如果谷歌公司决定审查某个特定字词的搜索结果，它会在页面顶部显示一个通知：

“根据欧洲的数据保护法，一些结果可能已经被删除。”

《被遗忘权法》已经被引用数百万次。谷歌公司从 2014 年 5 月开始接受删除请求，在不到 1 个月的时间里收到了 5 万条删除请求。在 3 年内，谷歌公司被要求删除超过 200 万个链接，其中 43% 的链接已被删除。搜索结果中最有可能被删除的网站包括脸书、YouTube、推特、谷歌网上论坛、Google+

和 Instagram。

大多数的删除请求都是无伤大雅的。据统计，99% 的删除请求只是为了保护正常的私人信息。例如，一名性侵受害者让谷歌公司隐藏有关该犯罪事件的新闻报道。但是有些人的动机就较为险恶了，例如，我们前面提到过的行医不端的英国医生，想要隐藏过去不当言论的政客，以及想要删除提及自己犯罪行为的已判刑的罪犯。

需要注意的是，主张“被遗忘权”并非直接删除互联网中的某些内容，谷歌公司所做的只是删除指向这些内容的链接。因此，即使谷歌公司在某个关键词的搜索结果中删除了指向特定文章的链接，但该链接仍然会出现在其他关键词的搜索结果中。以之前提到的英国医生为例，如果谷歌公司在搜索结果中删除了那名英国医生的医疗事故链接，那么，在搜索该英国医生的名字时，就不会出现有关其医疗事故的搜索结果，但在搜索“英国医生医疗事故”时，该英国医生的信息可能仍然能被找到。当然，与该英国医生相关的文章还保留在最初发布文章的网站上。更值得注意的是，欧洲法院对谷歌公司的裁决只适用于谷歌公司的欧洲搜索引擎。也就是说，“google.de”或“google.fr”可以删除搜索结果，但使用“google.com”进行搜索时，公众要求删除的搜索结果并未被删除，任何人，当然也包括欧洲人，仍然可以看到所有搜索结果。不过，法国数据保护机构注意到了这一漏洞，并且下令谷歌公司在删除搜索结果时必须删除其全球所有搜索引擎的搜索结果。

原谅和忘记?

世界各地的评论人士对《被遗忘权法》的出台感到愤怒，称该法限制了言论自由和新闻自由。谷歌公司称，对于搜索引擎和在线内容发布者来说，这都是一个令人失望的裁决。谷歌公司的联合创始人拉里·佩奇警告说：“这一裁决可能扼杀很多互联网初创公司。”还有一些人担心，一些政府可能以这部法律为先例，为大规模的信息审查制度正名。更具哲学意义的是，一些观察家认为，一家私人搜索引擎公司现在居然成为言论自由的裁决者，这简直太荒谬了。

但是这部法律的支持者称，“被遗忘权”是个人权利，应该给予保护。一些隐私保护主义者认为，落实《被遗忘权法》是一场胜利。这部法律还可以在一定程度上帮助人们挽回由于年轻时的轻率行为所带来的负面影响。在这个世界里，一切信息都被永久记录在互联网上，可以拥有原谅和忘记的能力可能是一个可喜的改变。

不过，这场辩论最终可以被归结为价值观的取向。美国人把言论自由看得比什么都重要，而欧洲人通常更强调隐私权。这或许可以解释，为什么不同地区的人对“被遗忘权”有不同的看法，这也暗示了围绕《被遗忘权法》展开的争论不会很快被人们所遗忘。

美国政府是如何凭空创造出数十亿美元的气象产业的？

在 1983 年以前，无论是气温变化还是龙卷风来袭，气象数据和预测的唯一来源是美国国家气象局，这是一个美国政府机构，自 1870 年以来一直尽职尽责地收集气象数据。1983 年，美国国家气象局史无前例地向第三方提供了数据。私营企业可以购买美国国家气象局的数据，并且将这些数据用于自己的产品或气象预测服务。

美国国家气象局可能没有预料到，这一简单的举措促进了天气预报产业的发展。包括 AccuWeather 公司、Weather Channel 公司和 Weather Underground 公司这样的大公司在内的气象产业，目前的市值约为 50 亿美元。换句话说，美国政府仅仅通过向公众发布数据就凭空创造出一个价值 50 亿美元的产业。

私营企业和政府部门间具有天然的伙伴关系。私营企业无法建造卫星和雷达系统来进行数百万次精确的气象测量，但政府部门可以提供这些数据。作为交换，气象预报公司可以提供更有针对性的天气预报和工具，来帮助民众和企业。例如，AccuWeather 公司开发的软件可以精确地推测出现恶劣天气的可能性，这样人们就能确定哪段铁路会遭遇恶劣天气。有一次，AccuWeather 公司注意到龙卷风即将袭击堪萨斯州的一个小镇，它马上将该情况通知了该镇的一家铁路公司。铁路公司随即叫停了两列开往镇上的火车。据列车工作人员回忆，当时的情形惊险万分，他们眼看着被闪电照亮的巨大龙卷风在不远的前方穿过。

欢迎来到“开放数据”的世界。所谓“开放数据”是指，像政府部门这样的机构应该开放数据，让公众免费使用，并且让数据更便于计算机分析。除了气象产业，开放数据也能够在其他产业产生巨大的经济影响。例如，在1983 年，美国政府开放了 GPS 数据。如今，从汽车运输业到精准农业，超过 300 万个工作岗位都依赖于 GPS 数据。（无人驾驶汽车也依赖于 GPS 数据。）

“开放数据”所带来的经济效益远不止如此。据麦肯锡估计，“开放数据”每年可以拉动 3 万亿美元的经济活动。例如，开放运输数据可以帮助物流公司找到最优的运输路线，而开放定价数据则可以帮助建筑公司确定应向承包商支付的费用。

“开放数据”还可以带来广泛的社会效益。“开放数据”可以帮助民众对政府进行监督。例如，有记者曾利用政府发布的政府采购数据来确定相关部门是否存在腐败现象。“开放数据”可以帮助民众和企业制作有用的 App。例如，Yelp 在 2013 年将旧金山和纽约的餐厅卫生检查分数整合到自己的 App 中，Yelp 的用户之后可以看到餐厅的卫生评分。“开放数据”还能带来巨大的成本节约。一名英国研究人员发现，公共的开放数据集可以帮助英国国家医疗服务体系节省数亿英镑。

很显然，“开放数据”具有巨大的应用前景。那么，我们如何获得这些数据呢？

“开放数据”的政策和政治

遗憾的是，人们不能像魔法师那样仅仅挥舞一下魔杖就让政府开放数据。许多政府部门在采用新技术方面行动迟缓，或者在开放一些它们不愿意公布的信息时犹豫不决。值得庆幸的是，许多政府已经积极主动地行动起来。2013 年，英国政府签署了《开放数据宪章》，承诺由专门机构来发布数据，并且以开放为默认原则。

美国也效仿了英国在 2013 年采取开放数据政策的做法。美国的开放数据政策要求所有新机构的数据都要在 data.gov 这一网站上公开发布。data.gov 上的数据包括从大学学费到农业信息，再到消费者对大型企业的投诉等各种免费数据。2014 年，美国政府通过了《数字责任和透明度法》，要求所有的政府支出数据在 usaspending.gov 上公开。旧金山和波士顿等城市纷纷效仿，建立了自己的开放数据门户网站。另外，加拿大和日本等国家采取了类似的做法。

然而，这些政策的落实依然受到官僚主义的阻挠。例如，英国政府机构最初不愿在无法证明开放数据最符合其自身利益的情况下进行数据开放工作。并且，开放数据的政策很容易受到政治态度转变的影响。在 2015 年，英国成为全球开放数据的领导者，但在 2016 年，开放数据的倡导者担心，若英国最终脱欧成功会威胁到英国日益成熟的开放数据文化。开放数据的倡导者还担心，财政紧缩政策可能使政府机构停止支出用于发布和维护开放数据集所需的资金，更不用说英国脱欧的政治闹剧会分散政府机构推动开放数据的注意力。

Level	Format
★	Make your data available on the web (in any format)
★★	Make it available as structured data (for example, Microsoft Excel instead of image scan of a table)
★★★	Make it available in an open, non-proprietary format (for example, CSV or XML instead of Microsoft Excel)
★★★★	In addition to using open formats, use Uniform Resource Locators (URLs) to identify things using open standards and recommendations from W3C, so that other people can point at your stuff
★★★★★	In addition to using open formats and using URLs to identify things, link your data to other people's data to provide context

如上图所示，互联网创始人蒂姆 • 伯纳斯 – 李爵士认为，开放数据有 5 个层次。各国政府应力求达到尽可能高的层次。来源 : 英国议会

关于开放数据，也有一些合理的政策辩论。例如，政府不能什么数据都公布，政府需要确保所公布的数据不会危害个人隐私或国家安全。有时，公布的数据可能在无意中被用来伤害民众。例如，2002 年的《协助美国投票法》要求美国所有 50 个州和特区维护一个登记选民的中央数据库，其中包含所有选民的姓名、年龄和地址等信息。许多州政府开始向民众出售这些数据。另外，一些政治候选人和研究人员发现，这些选民数据特别有价值。但是，由本书作者之一尼尔进行的一项研究发现，犯罪分子可以将公开的选民数据与爱彼迎上的信息结合起来，从而找出爱彼迎上数百万房东的确切姓名和地址。所以，在决定发布个人数据时，政府需要更加谨慎。

简言之，开放数据具有巨大的潜力，政府有充分的理由扩大其发布的数据范围。但政策的制定者还需要与公司和民众合作，以解决隐私和安全问题。

公司如何为数据泄露承担责任？

当公司损害了他人利益或伤害了他人时，它们通常要为自己的行为承担责任。2010 年，英国石油公司的"深水地平线"钻井平台在墨西哥湾爆炸，对附近生态环境造成巨大破坏，英国石油公司不得不向美国政府支付 187 亿美元罚款。在美国安然公司因欺诈倒闭后，安然公司不得不向亏损的股东支付 72 亿美元的和解金。

如今，公司开始面临一个新的威胁，那就是数据泄露。例如，2016 年，黑客泄露了 10 亿雅虎用户的姓名、电子邮件地址、生日和电话号码。2017 年，黑客攻击了美国信贷机构 Equifax，窃取了 1.43 亿用户的社保号码，失窃用户数超过美国成年人口的一半。

数据泄露的问题与英国石油和安然的例子不同，遭受数据泄露的公司通常不会受到惩罚，而受影响的消费者通常也不会得到赔偿。例如，黑客曾入侵医疗保险巨头 Anthem 公司并泄露了 8 000 万个账户的信息。在数据泄露事件发生后，Anthem 公司的客户对此提起了集体诉讼，但最终，受损客户获得的赔偿只有不到 1 美元。正如一位沮丧的权威人士在 Equifax 遭受黑客攻击之后所说：

"我不怀疑涉事公司会为这些事情后悔，但我认为它们也不那么在意。对涉事公司来说，所受的影响无非是几天的负面报道，最多也就缴纳相当于它们利润的一小部分的罚款而已。面对这样的惩罚措施，公司为什么还要费心把数据安全工作做得更好呢？"

专家们呼吁，公司应对数据泄露承担更多的责任。我们欣喜地看到，至少在一些国家中，政府已经要求公司对数据泄露要承担更多的责任。2016 年，欧盟制定了一项具有里程碑意义的条例，名为《通用数据保护条例》。根据这项条例，违反规定的公司必须支付高达2 000万欧元或相当于其年收入4%的罚款，以金额较多者为准。英国通过了一项类似的法案，名为《数据保护法案》，该法案要求公司确保用户的数据“安全可靠”，并且对用户数据的保存“不得超过绝对必要的时间”。

相对来说，美国的数据保护和隐私法要宽松得多。虽然美国国会制定了一些支持数据保护的规则，但进展并不明显。例如，在2014年，美国国会提出了《数据泄露与通知法案》，该法案要求公司在发生数据泄露后通知用户，向受到数据泄露影响的客户提供免费信用监控服务，并且如遇大规模的数据泄露事件要向政府即时报告。遗憾的是，该法案甚至从未付诸表决。但万事开头难，有一个开始总是好事。

各国的数据保护法差异很大，这种差异在美国和欧盟之间尤为明显。专家们呼吁制定《跨大西洋数据宪章》，在该宪章中，美国和欧盟的监管机构将为公司如何存储、共享和保护数据制定共同的政策。遗憾的是，美国和欧盟在这一议题上的谈判因广泛的分歧而陷入了僵局。

如果大西洋两岸最终能够就数据保护政策达成一致，那么跨国公司就不会因为必须遵守多个且通常是相互冲突的数据保护法而产生混乱和麻烦。目前，这份《跨大西洋数据宪章》对大公司的意义不大，但对小公司特别有帮助。因为，大公司可以轻松雇用大批律师来处理众多烦琐的数据保护法，但没有这些律师资源的小公司或初创公司就没那么幸运了。

随着数据保护法的普及，一些保险公司开始提供与数据泄露相关的保险服务。就像常见的医疗保险和汽车保险一样，购买数据泄露保险的公司每年都要向保险公司支付少量费用，为此，当发生灾难性的数据泄露时，保险公司将承担相关的损失。

让我们回到本节的核心问题，即公司如何为数据泄露承担责任？正如我们在本节中看到的那样，政策的制定者可以允许，甚至强制执行，像欧洲那样的严厉惩罚措施。政策的制定者还可以要求那些持有敏感数据的公司提供某种形式的数据保险。但对于美国的消费者来说，在相关数据保护法出台前，他们的数据仍面临着风险。

读书笔记

第 12 章

未来趋势

技术领域是变化最快的领域之一。我们无法宣称自己知道未来是什么样的，但我们可以揭开一些新兴技术的面纱，展望未来几年的世界可能是什么样子。在本书的最后一章，让我们展望未来。

无人驾驶汽车未来将如何发展？

我们可以一起想象一个从不交通堵塞，汽车川流不息地奔驰在高速公路上的世界。在这个世界里，交通事故的发生率比今天低90%，不需要建大型停车场，我们可以在通勤车中坐着吃饭或午睡。

当无人驾驶汽车成为主要的交通工具时，我们想象的世界愿景可以成为现实。自2015年谷歌公司在美国加利福尼亚州山景城的街道上测试其无人驾驶汽车原型以来，无人驾驶汽车备受关注。

无人驾驶汽车未来将如何发展呢?

无人驾驶汽车的引擎盖下有什么

首先，让我们来探索一下汽车是如何实现无人驾驶的。一辆无人驾驶汽车行驶在路上必须了解两样东西：关于它周围环境的数据，以及它在该环境中行驶的策略。

为了知道自己的所处位置和周围环境，无人驾驶汽车上装备了大量的传感器并存储了大量数据。无人驾驶汽车使用GPS、一种叫作“惯性导航系统”的速度传感器，以及地图来确定自己的位置。

无人驾驶汽车一旦知道自己的位置，就需要建立一个关于它周围环境的精确模型,模型中包括自己周围的汽车、行人、路标等数据。为了建立这个模型，无人驾驶汽车会先利用地图来确定实景。不过，它所利用的地图并不是我们平常使用的普通的谷歌地图。它所利用的地图必须精确到厘米，上面必须清晰记录每条道路的路缘高度和每个交通标志的位置。

谷歌公司的子公司 Waymo 制造的无人驾驶汽车原型。来源：维基百科

然后，为了弄清楚所行驶的道路上有何物体，无人驾驶汽车利用安装在车身顶部的激光雷达来创建周围环境的模型。激光雷达只能告诉无人驾驶汽车在它的周围有障碍物，却无法告知障碍物的类型。因此，无人驾驶汽车上会安装车载摄像头。最终，这辆无人驾驶汽车能建立一个包括其周围实景和物体的三维模型。

在知道自己所处的位置，建立了关于周围环境的三维模型后，无人驾驶汽车必须制定并确定一个行驶策略。根据当前的行驶速度和位置，无人驾驶汽车会通过计算来列出一些可能的短程计划，如变更车道、转弯、加速等，以帮助自己更接近目的地。然后，它会排除那些会让自己过于接近障碍物的短程计划，并且根据安全性和自己当时的行驶速度对剩余的短程计划进行排序。无人驾驶汽车一旦选择了最佳方案，就会把短程计划中包含的指令发送给方向盘、刹车和油门踏板，让汽车根据短程计划行驶。无人驾驶汽车的决策速度非常快，每轮决策（制定行驶策略，选择最佳方案和执行短程计划）都在 50 毫秒内完成。

无人驾驶汽车的自我学习

我们需要知道的是，将所有驾驶规则教授给无人驾驶汽车是不可能的。我们可以将一些基本规则转化为数据，让无人驾驶汽车学会遵从这些基本规则。但是不可能让无人驾驶汽车学习所有的驾驶规则，因为它在行驶过程中可能遇到许多突发情况或恶劣天气。例如，在下雨天，当无人驾驶汽车在有 3 条车道的高速公路上行驶，而一辆 4 米长的汽车以每小时 70 千米的速度尝试并道时，无人驾驶汽车如果按照刻板的驾驶规则行驶，大概率会造成交通事故。

开发人员通过视觉识别技术来让无人驾驶汽车学习驾驶。例如，假设当无人驾驶汽车注意到骑自行车的人伸出左臂时，他们十有八九会向左转弯，无人驾驶汽车可以推断伸出左臂是骑自行车的人即将左转弯的信号，它未来识别到这个信号时就会开始降低车速。由此，无人驾驶汽车在没有人告诉它该做什么的情况下学会了如何避开骑自行车的人，无人驾驶汽车甚至可能不知道骑自行车的主体是什么。这是最简单的机器学习：程序根据观察到的模式做出预测。

出租车和舱车

随着无人驾驶汽车技术的逐渐成熟，无人驾驶汽车成为主要的交通工具只是时间问题。关于无人驾驶汽车将通过哪种方式成为主流，业内有两种相互竞争的愿景，我们称它们为出租车愿景和舱车愿景。每个愿景领域里都有几家公司在相互竞争。

出租车愿景领域的公司认为，无人驾驶汽车的发展方向应该类似于优步公司所提供的共享出行服务：一些无人驾驶汽车在城市里不停地穿梭，接送乘客。每个人都乘坐无人驾驶汽车出行，但人们不需要购买汽车。

在出租车愿景领域，像优步公司这样的共享出行公司正在努力研发无人驾驶出租车。Lyft公司已与Waymo公司合作，期望利用Lyft公司的核心优势共享出行网络和Waymo公司的核心优势无人驾驶技术来推出无人驾驶出租车。2018年，Waymo公司在美国凤凰城推出了自己的无人驾驶出租车服务Waymo One。

传统汽车制造商也想在无人驾驶出租车愿景领域占据一席之地。许多传统汽车公司正与软件行业的初创公司建立合作关系，希望能为自己的汽车带来无人驾驶技术。2017年，福特汽车公司向无人驾驶软件初创公司Argo AI投资了10亿美元。而在那之前，通用汽车公司收购了一家与Argo AI公司类似的初创公司Cruise Automation。

一辆外形奇特的无人驾驶舱车载着伦敦居民沿着格林尼治的固定路线穿梭。这是一项实验，旨在确认能否在严格限定的区域内运行缓慢行驶的摆渡车。来源：维基百科

仅靠无人驾驶技术并不能使一家公司在无人驾驶出租车愿景领域里的竞争取得胜利。例如，由于Waymo One与谷歌公司有“亲属”关系而天然具有

巨大的优势。谷歌地图上有一个共享出行页面，这个页面能向用户展示优步、Lyft 和其他共享出行服务的价格。很多谷歌地图的用户会根据这个页面比较、选择共享出行服务。因此，谷歌公司理论上可以通过谷歌地图上的共享出行页面来推广 Waymo One，并且将竞争对手优步公司和 Lyft 公司的共享出行服务边缘化，从而打击这两家公司。哪怕谷歌地图的 10 亿用户中的一小部分选择了 Waymo One, 优步和 Lyft 都将面临巨大的麻烦。而且，从理论上讲，谷歌公司如果限制优步公司和 Lyft 公司访问谷歌地图 API，会让两家公司的处境更加艰难。

无人驾驶舱车愿景领域的一些公司认为，无人驾驶汽车需要经历很长的时间才能发展到可以在高速公路上行驶的程度。并且，研究无人驾驶汽车的公司长期以来致力于解决无人驾驶汽车在高速公路上高速行驶和并道的问题，暂时仍没有取得多大的进展。不过，许多初创公司认为，无人驾驶汽车将首先在缓慢运行的、低风险的应用场景中取得成功，并且它的行驶速度不应该超过每小时 40 千米。这种“无人驾驶汽车”可能看起来根本不像我们印象中的汽车，就像图中出现在伦敦街头的无人驾驶舱车那样。

无人驾驶舱车愿景领域的初创公司做了一些有创意的尝试。May Mobility 公司[1] 开发了无人驾驶班车，用于接送与其合作的 Bedrock 公司的员工。初创公司 Nuro 认为，虽然无人驾驶汽车还不具备搭乘人类高速行驶的安全性，但它完全可以用来运送食品和杂货。并且，Nuro 公司已经在美国凤凰城成功地推出无人驾驶货车。这些公司均认为，如果它们能够迅速掌握这类基本的无人驾驶汽车应用方式，并且掌握足够的知识，未来将能在更高级的无人驾驶汽车应用方式中击败优步公司和 Waymos 公司。

---

1 May Mobility是由福特汽车公司无人驾驶部门前主管艾利森·马利克和丰田汽车公司研究所联席所长埃德温·奥尔森、史蒂夫·沃扎尔共同创立的。

亚马逊公司是一个特别值得关注的公司，因为它同时研究无人驾驶汽车的两种可行愿景。一方面，亚马逊公司正在考虑开发无人驾驶出租车。亚马逊公司如果像一些分析师认为的那样与Lyft公司合作开发无人驾驶出租车，它可以通过向数量庞大的Prime会员提供大幅折扣，从而击败优步公司。另一方面，亚马逊也关注无人驾驶舱车愿景。据报道，亚马逊公司也在考虑建立一个无人驾驶送货网络，以更快地运送Prime会员的包裹。亚马逊公司甚至可以同时做到这两件事，让无人驾驶舱车接送乘客和运送包裹，以最大限度地提高效率。

目前，这些技术都在测试阶段，但在未来几年内，它们很可能取得阶段性进展。

减速带

我们在本节的最后要提到的是，无人驾驶汽车在成为主要的交通工具前所面临的一些重大挑战。

第一个重大挑战是技术方面的。从技术角度来看，无人驾驶汽车仍然存在安全问题。2016年，一辆处于无人驾驶模式的特斯拉电动车导致一名男子死亡。2018年，优步公司的一辆无人驾驶汽车在美国亚利桑那州撞死了一名女子。

第二个重大挑战是法规方面的。无人驾驶汽车目前在一些地区或国家并不合法。例如，印度政府为了保障驾驶员的工作，在2017年禁止了无人驾驶汽车。欧洲在允许无人驾驶汽车测试方面一直因进程缓慢而饱受非议，在美国，迄今也只有少数城市允许测试无人驾驶汽车。

第三个重大挑战是道德方面的。诚信，道德问题或许是最难应对的。如果无人驾驶汽车必须在保护司机和保护行人之间做出选择，它该如何决策？如果无人驾驶汽车的公司给自己的汽车编写了做上述决策的程序，那么无人驾驶汽车及其公司涉嫌故意杀人吗？为了规避这些道德困境，哲学家和技术专家呼吁“算法透明度”，即公开无人驾驶汽车的算法。

机器人会取代我们的工作吗？

曾几何时，工业机器人导致了数万名工人失业，导致了贫困人口数量增加。于2015年发布的一份报告预测，上述形式将更加严峻：到2020年，办公自动化将导致460多万个行政工作岗位消失。换句话说，熟练工人和非熟练工人似乎都遇到了麻烦。机器人看来要抢走我们的工作。

机器人会抢走我们的工作吗？

关于技术和劳动力的经济学

经济学家将技术分为两大类：提高劳动力的技术和替代劳动力的技术。提高劳动力的技术可以帮助我们提高生产力。例如，计算机和互联网让我们写论文、查找信息及与同事交谈变得更容易、便捷。而替代劳动力的技术可以消除某些行业对劳动力的需求，如我们之前提到的无人驾驶汽车和工业机器人。毫无疑问，这对儿对立的力量一直在较量。

哪方将胜出？结果可能出乎意料。让我们回忆一下20世纪70年代开始流行的自动存取款机。有了自动存取款机后，大多数银行的客户不再需要通过银行柜员来协助存取现金。许多人曾认为，自动存取款机将完全取代银行柜员。但是事实证明，自动存取款机并没有抢走银行柜员的工作。

由于有了自动存取款机，银行分行所需要的柜员数量虽然减少了，但是这也降低了银行分行的运营成本，能促使银行开设更多分行。而这又反过来促使银行雇用更多柜员。结果从1970年到2010年，美国的银行柜员数量从

30万人增加到60万人。换句话说，自动存取款机的出现实际上增加了银行对银行柜员的需求量，而不是使银行柜员变得可有可无。

那么，在人工智能和机器人时代，我们的工作会受到什么影响呢？

支持和反对工作被取代的理由

有相当有信服力的证据表明，机器人将取代许多人类的工作岗位。牛津大学在2013年进行的一项研究发现，到2033年，美国将有一半的工作岗位面临被机器人取代的风险。技能水平较低的人承担因机器人而失业的风险最高。奥巴马总统的首席经济顾问发现，有83%的时薪低于20美元的工作岗位有被机器人取代的风险，而在时薪超过40美元的工作岗位中，被机器人取代的比例仅为4%。此外，在要求高中以下学历的工作岗位中，被机器人取代的比例约为44%，而在要求本科学历的工作岗位中，被机器人取代的比例仅为1%。换句话说，机器人会抢走一部分人的工作，尤其会伤害到受教育程度最低、最脆弱的群体的利益。

但也有数据表明机器人并没有抢走人们的工作。美国前几年的失业率很低，2017年的失业率不到5%，并且工人的工作时间延长了，工资也略有上涨。这说明机器人并没有大规模地取代工作岗位。

并且，机器人可以让更多人从手工劳动者转变为脑力劳动者。例如，在未来的工厂里，流水线工人的数量将减少，但是工程师、程序员和经理的数量将增加。技术还创造了新的行业，比如IT行业和软件开发行业。并且自动化不仅会增加STEM[1]类劳动者的需求量，新兴行业仍然需要某类劳动者，例如，无人驾驶汽车行业仍然需要机械师和营销人员。

---

1 STEM：科学（Science）、技术（Technology）、工程（Engineer）和数学（Mathematics）。

那么机器人会不会取代我们的工作呢？对此，专家们也没有达成一致。例如，一位作家在《纽约时报》的一篇文章中写道："美国的'就业杀手'不是中国，而是自动化。"但《连线》杂志的一位撰稿人说："很明显，美国的'就业杀手'不是自动化。"

富人和穷人

大多数学者认为，高技能水平的工人将从自动化中获得很多好处，而低技能水平的工人将失去更多谋生的机会。换句话说，穷人会变得更贫穷，而富人会变得更富有。

解决贫富差距增大的一个方法是教育。未来将会有大量新的工作岗位，但是，除非劳动者努力学习，否则不会有足够数量的熟练工人来填补这些岗位空缺。德勤会计师事务所在 2015 年估计，到 2025 年，由于自动化的普及，制造行业将增加 350 万个就业岗位，但其中 200 万个就业岗位将因缺乏熟练工人而空缺。解决有岗位空缺却无熟练工人的方法有：在工作场所鼓励学徒制，以帮助人们在工作中学习技能；在社区大学投资职业教育；在高中和大学推广 STEM 教育。

此外，甚至有人提出了一些更激进的建议。埃隆•马斯克预测，自动化将导致失业率高达 30%~40%。因此，他提出了"全民基本收入"（Universal Basic Income）计划。根据该计划，美国政府将向它的每位公民发放一张一定额度的支票。他表示，这将有助于消除贫困，并在一定程度上使经济避免崩溃。马斯克的全民基本收入计划的资金来自美国政府对机器人征收的税费。

碰巧的是，比尔•盖茨早就提出过对机器人征税，更确切地说，对雇用机器人的公司征税。支持比尔•盖茨的人说，对雇用机器人的公司征收的税收可以用于人类特别擅长的工作，如照看孩子。

白领的工作有没有被机器人取代的风险?

一些学者认为，在工作岗位被机器人取代这件事上，白领和蓝领面临着同等风险，甚至白领可能比蓝领面临着更大的风险。李开复认为，用机器人取代咖啡师这样的低技能、低薪的工作并没有太大的经济价值。相反，一些公司更愿意用机器人取代金融分析师等高技能、高薪的工作，从而节省成本。

一些案例表明，AI 可以承担某些需要专业人士才能完成的工作。一个名为 Amelia 的 AI 机器人能出色地为银行、保险公司和电信公司提供客户支持。它使用类似人类的面部表情和手势与客户打交道，并试图与打电话的客户产生共鸣。并且每次与客户打交道的经历，都使它变得更智能，即下一次能为客户提供更好的服务。

甚至一些比客户支持工作要求更高技能水平的工作岗位也被机器人取代了。日本一家保险公司用 IBM 公司的 Watson AI 替代了 34 名人类经纪人。抵押贷款融资行业中的许多人都目睹了自己的工作被机器人抢走。AI 虽然目前还不能取代医生和律师，但是，AI 已经很擅长做律师助理经常做的研究工作，也可以做一些医疗手术，并且相对人类律师和医生，机器人律师和机器人医生的成本更低。

视频和音频新闻仍然可信吗？

2017 年，一家名为 Lyrebird 的加拿大公司发布了唐纳德·特朗普、巴拉克·奥巴马和希拉里·克林顿朗读自己的推特文章的音频。但是，他们三人之前没有发表过音频里所朗读的推特文章，音频显然是伪造的！

通过一项新技术，我们可以在很短的时间内制作令人信服但实际上是伪造的视频和音频。在这个假新闻泛滥的时代，很多人已经不再轻易相信网上的新闻，而是依据视频或音频来判断到底发生了什么事情。但是，如果视频和音频也能被伪造，我们还能相信什么呢？我们不禁要问，这些虚假的视频和音频是如何制作出来的呢？

这些“深度造假”的视频和音频是利用一种叫作“生成式对抗网络”的神秘技术生成的。生成式对抗网络是神经网络技术的一种特殊形式。在解释生成式对抗网络的工作原理前，我们先了解一下什么是人工神经网络。

人工神经网络

我们大脑的学习要经历“实验—获得反馈—调整”的循环。例如，我们在第一次做蛋糕时，会把面粉、糖、鸡蛋、黄油和其他材料按任意的比例混合在一起，然后把面糊放入烤箱中烘烤一段时间，看看做出的蛋糕是怎样的。一位朋友在品尝了我们制作的第一个蛋糕后可能如此评价：蛋糕太甜了；没烤熟；应该放更多巧克力……针对朋友的评价，我们会稍微调整食材搭配。再次品尝后，朋友虽然可能更满意我们根据调整食材搭配后做出来的蛋糕，但是仍然会提出新的建议。重复这一过程，最终你做的蛋糕就像一个优秀的蛋糕师傅做的，但是你并没有参考食谱。你之所以能学会制作美味的蛋糕，是因为你的大脑里有“神经网络”，即一组相互联系、交流的神经元。

为了使计算机更强大，科学家们努力在计算机中模拟人脑的神经网络。它被称为“人工神经网络”，但许多技术人员习惯称它为“神经网络”。就像做蛋糕的例子一样,人工神经网络会跟踪许多变量,并为每个变量分配一个“权重”，如黄油的量、烘烤时间和烤箱温度等。人工神经网络在收到反馈后，会调整变量的权重以接近正确答案，就像我们会根据朋友的反馈调整蛋糕的食材种类及其比例一样。

人工神经网络功能强大，可以自动更正我们在手机上输入的文本，拦截垃圾邮件，翻译等。人工神经网络很擅长识别事物，但它们的设计初衷并不是为了生成新的东西，比如伪造的视频和音频。为此，让我们转向一个更强大的神经网络形式。

生成式对抗网络

在生成式对抗网络中，我们可以先创建生成器和鉴别器这两种人工神经网络，并让它们对抗。生成器试图创造逼真的东西，鉴别器则判断生成器所创造的东西是否是真实的。生成器和鉴别器就像处于军备竞赛状态：生成器试图创造更有说服力的赝品，而鉴别器则试图更好地区分、监管赝品。生成器和鉴别器互相学习，不断改进，直到生成器创造出逼真到能乱真的赝品。

例如，假设你想要创建一个用来制造美国某个 CEO 演讲的假视频的生成式对抗网络，你先要创建一个生成器和一个鉴别器。最初，它们都不知道自己要做什么，生成器可能先录制一段讲意大利语的人的视频，而鉴别器不知道这段意大利语视频是假的。然后，你给鉴别器看了一段美国 CEO 演讲的真实视频。鉴别器从这个视频中了解到美国 CEO 通常讲英语。所以鉴别器开始判定讲其他语种的视频是虚假的。生成器注意到了这一点，所以它开始尝试用不同语种的视频来欺骗鉴别器。最终，生成器发现英语视频通过了鉴别器的判定。这种反复的过程一直持续到生成器能够制作出令人信服的假视频。

未来，我们可能看到一些美国总统候选人的演讲视频或音频，这些视频、音频可能非常具有煽动性。但是，它们一定是真实的吗？在我们知道了如何制作假视频、假音频后，我们还能确定我们看到的视频、听到的音频是真实的吗？

当我们看到伪造的总统候选人发表煽动性演讲的视频时，我们会怎么做？对此，我们也没有明确的答案。但是我们至少知道这些伪造的视频是怎么制作的了。

脸书公司为什么要收购一家开发、制造VR眼镜的公司？

2014 年，脸书公司收购了 VR 眼镜开发商和制造商 Oculus Rift 公司，这一举动震惊了科技界。Oculus Rift 公司制造的 VR 眼镜主要用于电子游戏。一家社交媒体公司收购一家眼镜制造公司，这听起来匪夷所思。

这笔收购也没有马上为脸书公司带来多少经济效益。VR 眼镜在大众消费市场表现疲软，Oculus Rift 公司的 VR 眼镜自推出以来就不断降价已证明了这一点。但是，脸书公司 CEO 马克 • 扎克伯格认为这笔收购是脸书公司的一个长期策略。他表示，VR 产品到 2026 年才能进入大众消费市场。

脸书公司曾认为，VR 产品未来将成为社交活动的配件。扎克伯格解释说，未来你可以在舒适的家中使用 VR 眼镜体验体育比赛，听大学讲座以及与朋友冒险，而不再通过传统的方式，如看新闻、读文章、看图片或视频。但也有一些批评家说扎克伯格的说法有点牵强，因为如果我们为了和朋友聊天而戴上一副沉重而昂贵的眼镜，要不了一段时间就会感到疲惫。不过，脸书公司十分乐观，坚信 VR 眼镜有一天会和雷朋墨镜一样轻薄。

如果扎克伯格是对的，拥有专注于社交的 Oculus Rift VR 眼镜对脸书公司来说将是意义非凡的。长期以来，脸书公司的目的是尽可能让用户在其平台上多花费时间，因为更长的用户在线时间意味着更多展示广告的机会，而更多的用户数据也能使脸书公司的定向广告更有针对性。未来，脸书公司可以尝试让它的各种 App 的用户更多地佩戴 Oculus Rift VR 眼镜，这样它就可以推出吸引用户和广告主的新型广告，如植入式广告、类似游戏的广告、音乐会形式的沉浸式广告等。

脸书公司在 2017 年允许 Oculus Rift VR 眼镜的用户将自己直播的 VR 视频上传到他们的脸书时间线页面上。Oculus Rift VR 眼镜的用户可以围坐在桌子旁，做一些诸如回答观众问题（其化身可以“抓取”包含观众评论的海报）、与观众聊天或在空中涂鸦等事情。

脸书上的 VR 直播视频的例子：在教授的虚拟办公室。来源：脸书

脸书的这个新功能巧妙地宣传了 Oculus Rift VR 眼镜，可以鼓励好奇的观众购买 Oculus Rift VR 眼镜。

现在，你是不是已经明白脸书公司为什么要收购一家开发、制造 VR 眼镜的公司呢？脸书公司可不是为了让自己的用户有更好的电子游戏体验。事实上，脸书公司将佩戴 VR 产品来进行社交活动视为人类未来在线社交的主要方式，而它希望自己在未来仍然是在线社交领域的领导者。

为什么许多公司都惧怕亚马逊公司？

2018 年，亚马逊公司收购了从事药品分销的初创公司 PillPack，该公司之前刚被获准通过快递向美国的消费者寄送药物。制药行业随之风声鹤唳，投资者纷纷撤资，制药公司的股价暴跌：来德爱公司[1]的股价跌了11%，沃尔格林公司[2]跌了10%，CVS Health公司[3]跌了6%。

很少有公司能造成这种程度的行业恐慌，它只是进入了某个行业，这就能让该行业的公司股价暴跌。分析人士说，亚马逊公司包罗万象，从书籍到杂货，从电影到硬件，它可以轻易地进入任何一个行业。亚马逊公司为什么拥有这么强大的"行业破坏力"呢？它接下来会做什么？

可怕的技术

亚马逊公司庞大的资金储备使得它可以侵占其他大型科技公司的业务领域，并且让它们感到心惊胆战。

让谷歌公司担心的一件事是，亚马逊已经成为许多购物者首选的购物网站，超过一半的商品搜索是用亚马逊搜索引擎进行的。这意味着，许多公司开始将广告转投给亚马逊公司，因为它们的目标消费者在亚马逊上购物。另外，随着Alexa成为最大的语音计算平台，越来越多的购物者可以直接通过Alexa购物，这意味着在线购物甚至可以不需要使用谷歌搜索和网页浏览器。

2014年，亚马逊公司收购了视频游戏直播平台Twitch，从而开启了向视频流媒体业务领域和社交媒体业务领域的市场扩张，这让脸书公司倍感压力。自从被亚马逊公司收购以来，Twitch已发展成为综合性的直播平台，包括谈话节目、音乐、播客等板块，与脸书公司的直播平台Facebook Live直接竞争。在电影市场上，Amazon Prime Video也正在取代Facebook Watch。并且，亚马逊公司在广告业务上的增长也让脸书公司格外警惕。脸书公司在2019年提交

1 来德爱公司（Rite Aid）是美国第二大连锁药店。

2 沃尔格林公司（Walgreens）是美国一家连锁药店。

3 CVS Health公司是美国最大的药品零售商及领先的医药福利管理公司。

给美国证券交易委员会的年度文件中，正式将亚马逊公司列为竞争对手。

亚马逊公司也在威胁着苹果公司颇有价值的硬件和语音服务。Siri 是第一个智能语音助手，但 Alexa（亚马逊公司的智能语音助手）的市场份额已经超过了它。苹果公司一直是智能设备市场的领导者，但亚马逊公司迄今为止已经发布了一系列 Alexa 驱动的设备，包括 Echo 智能音箱、智能微波炉、智能挂钟、智能汽车配件等。2017 年，娱乐评论人士开始说，Echo 这个品牌比苹果更好。这对苹果公司来说是个坏消息，因为一家公司的品牌影响力通常能决定了这家公司的生死。

此外，2014 年，萨蒂亚 • 纳德拉出任微软公司 CEO 后，将微软公司的资源集中在 Azure 业务上。但是亚马逊公司的 AWS 比 Azure 拥有更多的客户，并且赚了更多的钱。

广告、社交媒体、硬件和云计算，亚马逊公司在这些业务领域都有一些举动，并冲击了相关业务领域的巨头。从这一点来看，亚马逊公司已经不只是一家网络电子商务公司了。

零售与不止于零售

众所周知，亚马逊公司在扩张其电子商务的版图时采取了一些冷酷无情的举措。2009 年，亚马逊公司注意到一家新兴的、在婴幼儿用品在线零售平台 Diapers.com[1] 上销售婴儿用品的初创公司 Quidsi。亚马逊公司派出一名高管与 Quidsi 公司的创始人共进午餐，并向他提出收购 Quidsi 的意向。Quidsi 公司的创始人拒绝了。但后来亚马逊公司大幅降低亚马逊上的那些同时在亚马逊和 Diapers.com 上销售的商品的价格，并且推出了一个与 Diapers.com 竞争的“亚马逊妈妈”项目（Amazon Mom）。这番动作耗费了亚马逊公司数百万

---

1 Diapers.com是全球最大的专业婴幼儿用品在线零售商。

美元，但是打击了 Quidsi 公司。最终，Quidsi 公司被迫以极低的价格将自己卖给了亚马逊公司。

因此，当我们得知亚马逊公司在 2017 年大举进军线下零售市场，收购了 Whole Foods Market，由此使得美国第三大零售集团克罗格公司[1]的股价一夜之间下跌了 8% 时，也没有太过惊讶。

长期以来以打垮实体书店闻名的亚马逊公司也开了自己的实体书店。来源：铃木 慎也

亚马逊公司所做的在线零售不限于销售一般商品，它已经开始大举进军医疗保健领域。例如，收购 PillPack 公司瓦解了传统药品零售行业的最后一个防御优势，即合法销售处方药。现在，亚马逊的用户可以在线购买药品。

亚马逊公司还推出了一系列家庭健康产品，开发了让消费者在家进行健康测试的工具包，并为 Alexa 申请了一项预防感冒和咳嗽的专利。你可以想象这样一个场景：Alexa 发现你生病了，亚马逊公司随即给你发了一个健康测

1 克罗格公司（Kroger）是美国具有百年历史的名店之一，是继沃尔玛、家居仓储之后的美国第三大零售集团。

试包，你把测试结果返回给亚马逊公司，然后一名虚拟医生给你开药，最后再由 PillPack 公司将药快递给你。

2018 年，亚马逊公司与摩根大通集团[1]和伯克希尔·哈撒韦公司[2]合作，通过“减少医疗保健方面的支出浪费”，并“切断中间商”，从而对医疗保健领域发起了迄今最大规模的攻击。我们认为，这不过是它们积极地使用 AI 和其他新技术来取代医生、药剂师和保险经纪人的幌子。并且，亚马逊公司因为使用 AI 而不用雇用任何因这项举措而失业的人，它可以按自己的想法随意地摧毁整个行业，并根据自己的设想重塑被它摧毁的行业。

核心竞争力

那么，为什么亚马逊公司在它所涉足的几乎所有行业的表现都这么亮眼呢？这是因为亚马逊公司不是一家科技公司或云计算公司，也不是一家贩卖尿不湿、书籍的零售公司或医疗保健公司。它是一家拥有许多基础设施的公司。

数十年来，亚马逊公司在电子商务领域的成功，使其建立了数百个战略性仓库、拥有数万名员工的巨大配送中心，以及一个可以与联邦快递和 UPS 公司竞争的空地一体化运输网络。总的来说，这个物流网络是世界范围内首屈一指的。

虽然运送生鲜食品之前是亚马逊公司的物流网络中的一个薄弱点，因为生鲜食品不能像书籍那样储存很长时间，也不能像书籍那样长距离运输。但是亚马逊公司通过收购 Whole Foods Market 解决了自己这个薄弱点。Whole Foods Market 的 400 个位于市区的门店变成了亚马逊公司的 400 个仓库，亚马逊公司可以从这些仓库迅速向市区的消费者运送生鲜食品。

---

1 摩根大通集团（JPMorgan）是美国最大的金融服务机构之一。

2 伯克希尔·哈撒韦公司（Berkshire Hathaway）是美国一家世界著名的保险和多元化投资集团。

因此，亚马逊公司在仓储和配送基础设施方面的专业能力，使其能够轻而易举地销售任何一种新商品，如药品。更重要的是，由于亚马逊公司是一家科技公司，而不是实业公司，它可以快速、低成本地扩张。它只需要在其网站上增加一点内容，并扩大其物流网络的覆盖范围。与亚马逊公司相反，即使实力强大的沃尔玛，也需要花费 3 700 万美元来开设一家新店。

不过，亚马逊公司在基础设施方面的实力不仅限于销售实物商品。AWS 在云计算服务领域的主导地位表明了亚马逊公司的数字基础设施有多完善，它拥有许多服务器和数据中心。

简而言之，亚马逊公司对供应链的掌控使它能在任何它试图进入的市场快速增长。而且，亚马逊公司每进入一个新市场或推出一种新产品，它都会获得更多的数据，这些数据可以用来进一步推动其自身的增长。

反垄断行动?

随着亚马逊公司从在线书店成长为包罗万象的巨头，人们开始盯上亚马逊公司也就不足为奇了。人们开始对亚马逊公司迫使其他公司和政府屈从于其意愿的能力表示担忧。许多人认为，亚马逊公司已经变成垄断型企业，应该控制并打破它的垄断。

为什么要分拆亚马逊公司？答案是显而易见的。因为它有过一些反竞争行为，并且它曾经打压过竞争对手。例如，它曾经在提出收购 Quidsi 公司被拒绝后，降低亚马逊上的那些同时在 Diapers.com 上销售的商品的价格，从而打击了 Quidsi 公司。亚马逊公司曾经在收购 Whole Foods Market 后，发起过阻止超市配送类初创企业进入零售市场的举措。此外，亚马逊公司因发展语音助手、购物、云计算和媒体等业务，已经成为美国纵向合并的典型代表。

很明显，亚马逊公司具有垄断倾向。但问题在于，美国反垄断法的主要目的是防止企业的横向合并，或者提供同类商品或服务的企业的合并，例如，美国在2015年阻止了互联网服务提供商巨头康卡斯特公司和时代华纳有线电视公司（Time Warner Cable）的合并。而亚马逊公司所进行的都是纵向合并。因此，要想使针对亚马逊公司的反垄断监管获得成功，就必须证明亚马逊公司的纵向合并扼杀了创新，并且扭曲了市场竞争环境。

如果亚马逊公司真的要被分拆，AWS是最有可能被分拆的业务部门。AWS的服务人群、业务结构与亚马逊公司的零售、Prime会员服务和Alexa这三大核心业务的服务人群、业务结构均不同。AWS业务被分拆成独立的公司是最有意义的。事实上，如果你明白只提供云计算服务的公司的发展速度比除提供云计算服务还做其他业务的公司快得多，就会知道AWS成为独立公司将比现在发展得更好。并且我们知道，Azure、Google Cloud Platform、IBM Cloud等AWS的竞争对手都被捆绑了各种不相关的、增长较慢的业务。Azure可能是微软公司的主要关注点，但它不是微软公司唯一的产品。因此，如果AWS被分拆为独立的公司，它能比它的竞争对手发展得更好。基于这些原因，如果亚马逊公司未来主动分拆其AWS业务，我们不必太惊讶。

但是，即使没有AWS业务，亚马逊公司也可能继续让世界各地的其他公司胆战心惊。

术语表

如何建立一个网站呢？你可以在那些科技论坛提问，热心人会告诉你：打开 GitHub repo；用 Python 或 Ruby on Rails 构建后端；提供一些 HTML、CSS 和 JavaScript；构建一些 RESTful API；调整 UI/UX；并且在 AWS 上发布 MVP。哦，对了，你还得弄个 CDN。

他在说什么？他能用我们听得懂的话回答吗！

软件世界有大量令人难以理解的术语和行话。在这里，我们将一些最常见的术语分门别类，理解了它们后，你就能听懂前面热心人的回答，而不会觉得自己需要再上一门外语课了。

编程语言

所有的软件都是用代码来编写的，就像菜肴可按照食谱来制作一样。正如你可以用英语、孟加拉语或土耳其语编写菜谱一样，你也可以用 Ruby、Python 或 C 等编程语言编写软件。以下是一些最流行的编程语言。

汇编

计算机只考虑 0 和 1，汇编语言只是把 0 和 1 的指令变得看起来稍微“漂亮”一点的版本。开发人员很少用汇编语言编写程序，因为这太费力了。开发人员通常用“高级语言”编写程序,计算机将其转换为汇编语言后运行。(本节中所涉及的其他语言都是“高级语言”，或者更“抽象”的语言。) 这就像开车一样：你不用直接设定每个轮子的行驶方向和速度，只用方向盘和踏板就可以了。这样，驾驶要容易得多，而且，你可能也不知道如何把车轮的速度设置得恰到好处。

C/C++

C/C++ 虽然是最古老的语言,但仍然是最流行的。它们虽然运行得非常快，但是编写起来比较困难。因此，当开发人员试图获得最大性能（如编写画面精细的大型游戏、物理模拟器、网页服务器或操作系统）时，他们倾向于使用 C 和 C++。

C# (C-Sharp)

C# 是一种由微软公司开发的一种语言，常用于编写桌面应用程序。类似 Java。

CSS

CSS 是一种与 HTML 协同工作的网页编程语言，用于使网站看起来更漂亮。CSS 允许你更改网页的颜色、字体、背景等。它还允许你设定页面上的各种按钮、标题、图像等的位置。

Go

Go 是一种由谷歌公司开发的很有前途的语言，常用于构建网页服务器。

HTML

HTML 是一种用来创建网页的语言。你可以使用 HTML 在网页上创建链接、图像、标题、按钮和其他元素。这些元素都称为“标记”。例如，一个“<img>”这样的标记表示一个图像。

Java

Java 是世界上最流行的语言之一，用于编写安卓系统的应用程序、网页服务器和桌面应用程序。它以“一次编写，到处运行”的口号而闻名，即同一个 Java 应用程序可以在所有设备上立即运行。

JavaScript

JavaScript 是一种用来使网页具有互动性的语言。从 Facebook Messenger 到 Spotify，再到谷歌地图，你使用的每个网页应用都使用了 JavaScript。现在，开发人员也使用 JavaScript 来构建网页服务器和应用程序。JavaScript 也被称为 ECMAScript 或 ES。

MATLAB

MATLAB 是一种专业的、商业的语言，常用于工程、科学和数学建模。

它更多地用于研究而不是构建软件。

Objective-C

Objective-C 是一种以前用于编写 iPhone、iPad 上的 App 和 Mac 电脑上的应用程序的语言。如今，人们更倾向于使用 Swift。

PHP

PHP 是一种用于编写网页服务器的语言。近年来，它在开发人员中不再受欢迎，但脸书公司仍然使用为其定制的 PHP“方言”编写。

Python

Python 是一种流行的、易于学习的语言，在计算机专业的入门课程中很常见。它广泛用于数据科学和编写网页服务器。

R

R 是一种数据分析语言，用于绘制、总结和解释大量的数据。

Ruby

Ruby 是一种通过流行的网页应用程序框架 Ruby on Rails 来构建网页应用的语言。

SQL（Structured Query Language，结构化的查询语言）

SQL 是一种用于处理数据库的语言。SQL 与 Excel 类似，允许你处理表、行和列。你可以运行“查询”来筛选、排序、组合和分析数据。

Swift

Swift 是苹果公司用于编写 iPhone、iPad 上的 App 和 Mac 电脑上的应用程序的语言。它取代了 Objective-C。

TypeScript

TypeScript 是微软公司开发的扩展版 JavaScript。TypeScript 增加了额外的功能，使构建大型应用程序变得更容易。浏览器不能直接运行 TypeScript，所以你可以使用一个工具先将它“代码转译”或“转译”成 JavaScript。

数据

作为人类，我们喜欢将数据存储在 Excel 文件或 Word 文档中。然而，计算机更喜欢将数据存储在简单的文本文件中。下面是几种以“机器可读”的格式来存储数据的流行方法。

CSV（Comma-Separated Value，逗号分隔值文件格式）

CSV 是在轻量级表中存储数据的一种格式，类似 Excel 格式，但简单得多。CSV 文件采用“.csv”的后缀。

JSON

JSON 是网页应用经常使用的一种流行的数据存储格式。它比 CSV 更自由，允许数据对象嵌套在其他对象中。例如，“person”对象可以包含“name”和“age”数据，还可以包含“pet”对象（“pet”对象有自己的“name”和“age”）。

XML

XML 是不同于 TXT 的另一种基于文本的数据存储格式。像 HTML 一样，它使用标记来存储和组织数据。像 JSON 一样，它允许嵌套。

软件开发

要想说起话来像一位软件开发人员，你需要了解这些常见术语和专业用语。让我们把它们逐一道来。

A/B 测试

A/B 测试是通过试验来决定将哪些特性加入产品（通常是基于网页的产品）中。你将向一些用户显示某个特性的一个变体，而向另一些用户显示另一个变体。例如,亚马逊可以向一半的用户显示一个红色的“立即购买”按钮，而向另一半的用户显示一个蓝色按钮。亚马逊会查看各种指标，比如销售数量或点击次数，以确定哪种颜色的按钮更好，然后向所有用户显示获胜的颜色按钮。产品经理和开发人员都喜欢 A/B 测试，因为它可以帮助他们更科学地确定如何改进他们的软件。

Agile（敏捷）

敏捷是一种软件开发范式。它强调编写软件和从用户那里获得反馈都应快速、交替进行。例如，敏捷团队不会花费数月或数年的时间来发布一个规模庞大的最终产品，而会优先考虑快速发布一个“最小可行产品”或一个简单的原型。然后，团队将从用户那里得到反馈，以“迭代”并改进原型，多次重复这个过程，直到用户对产品满意为止。

Angular

Angular 是谷歌公司开发的网页开发框架，用于构建网页应用。特斯拉、纳斯达克和 Weather Channel（气象频道）等几家热门网站都在使用 Angular。

Backend（后端）

后端是指用户看不到的 App 或网站的"幕后"部分。后端存储数据，记录用户名及其密码，并且准备最终显示给用户的页面。打个比方，在餐馆里，厨房里的厨师是"后端"，由于他们在厨房里准备顾客喜欢的食物，所以很多顾客恐怕从来没有见过他们。

Beta

Beta 是软件的初始版本，通常在最终产品发布之前发布给测试人员以获得用户反馈。

Big data（大数据）

使用大量的数据来提取有意义的观点。目前，还没有对"大"这个词有具体的定义，但是如果一个数据集太大，以致一台普通的计算机无法容纳其数据量，那么它就可以被称为"大"。

Blockchain（区块链）

区块链是比特币背后的底层技术，允许分散交易。想象一下，你可以叫一辆优步，而不需要使用 App，或者在脸书公司或电信运营商没有介入的情况下给别人发信息。使用区块链，每个人都共享过去每次交互（如交易）的记录，因此你不需要一个中心机构。在使用比特币时，每个用户都有一份包含过去每笔交易的清单,因此没有人或公司"控制"比特币。这可以防止欺诈，因为每个人都知道一个人是否在试图做一些见不得人的事情。

Bootstrap

Bootstrap 是一种前端开发框架，是一个流行的网站设计工具包。它基本上是一个巨大的 CSS 文件，其中包含精心设计的布局、字体，以及与按钮、标题和其他网页组件相关的颜色。许多网站都使用 Bootstrap 作为其开发样式的起点。Bootstrap 是一个非常强大的网站模板。

Caching（缓冲）

缓冲是指将信息存储在计算机的特定位置，以便你可以更快地访问这些信息。这就像你可以把最喜欢的比萨店的电话号码储存在你的通讯录里，这样你就不用每次都费劲地查找这个号码。

Cookie

Cookie 是一种储存在用户本地终端上的数据，是网站储存在你的浏览器中的小“笔记”，用来记住你的一些信息。例如，电子商务网站可以将你的购物车、首选语言或用户名存储在 Cookie 中。网站或 App 还能用 Cookie 来实现定向广告投放。网站或 App 可以通过 Cookie 传递你的位置和其他个人信息，以确定你喜欢什么，从而决定向你展示哪类产品的广告。

Database（数据库）

数据库是用于存储信息的巨大表格，就像一个超级强大的 Excel 文件。例如，脸书可以将所有用户的信息存储在一个数据库中，每个用户都有单独的一行信息，其中包括用户的名字、生日、家乡等列。

Docker

Docker 是一个开源的应用容器引擎。开发人员可以利用它将运行 App 所需的所有内容打包到一个“容器”中，任何人都可以在任何受支持的机器上运行这个容器。这很方便，因为你不必担心是否拥有正确的计算机配置；相同的容器将以完全相同的方式在任何地方运行。Docker 比另一种替代方法要高效得多，后者是启动一个全新的操作系统来运行每个 App。

Flat design（扁平化设计）

扁平化设计是一种极简主义的设计趋势，它去掉了不必要的光泽、阴影、动画和其他细节，将 App 中的图形元素简化为简单的颜色、几何形状和网格。例如微软公司的 Metro UI（在 Windows 8 和 Windows 10 中就使用了扁平化设计），以及苹果公司自第 7 版的 iOS 以来都使用了扁平化设计。

Frontend（前端）

前端是指网站或 App 面向用户的部分。前端包括用户与网站和 App 交互所涉及的所有按钮、页面和图片。前端从用户那里获取信息，将其发送到后端，并且在后端响应后更新用户所看到的内容。打个比方，餐馆里的服务员就是“前端”。服务员把用餐者的要求传递给厨师（后端），然后再把做好的食物端给顾客。

GitHub

GitHub 是一个拥有数百万开源软件项目的网站。任何人都可以在这里查看并构建其他人的代码。GitHub 上的代码被组织成代码库或“repos”。人们可以“Fork”（可理解为“复制”）这些 repos 来创建自己版本的代码，开发人员可以使用“Pull Requests”（可理解为“请求代码合并”）的方式来建议对 repos 的更改。

Hackathon（黑客马拉松）

黑客马拉松是一种编码比赛。在比赛中，开发人员组成团队，在短时间内（通常为 12~72 小时）开发出酷炫、有创意的软件。黑客马拉松的特色通常包括高科技奖项、科技公司的招聘人员、免费赠品（如 T 恤和贴纸）和夜宵。

Hadoop（海杜普）

Hadoop 是一个用于存储和分析大量数据的免费“大数据”软件包。这里所说的数据量是 TB 和 PB 这一量级。

jQuery（极快瑞）

jQuery 是最著名的网页开发库之一，它是一个 JavaScript 工具，可以使交互式网站更容易构建。

Library（库）

库是开发人员在线发布以供其他开发人员使用的可重用的代码块。例如，D3（Data-Driven Documents）是一个著名的库，它允许 JavaScript 的开发人员只用几行代码就可以创建交互式的图形、图表和地图。也被称为包或模块。

Linux

Linux 是一个自由、开源的操作系统家族，是 Windows 操作系统和 MacOS 的替代选择。世界上许多超级计算机及大多数网页服务器都运行着 Linux。安卓操作系统也是基于 Linux 构建的。

Material design（材料设计语言）

材料设计语言是谷歌公司推出的一种设计框架，用于安卓操作系统和许多谷歌系 App。它具有鲜明的颜色、方形“卡片”的信息和滑动动画。它类似于平面设计，但是有一些平面设计所没有的阴影、渐变和 3D 元素。

Minification（代码压缩）

代码压缩是开发人员使用的一种技术，通过删除任何不必要的文本来压缩代码文件。它也被称为“丑化”或压缩。

Mockup（模型）

在线框图和原型制作完成后，设计师制作模型。这是一种高质量的绘图，精确地指定了开发 App 的开发人员应该使用的字体、颜色、图片、间距等。模型帮助设计师确保每个细节都是完美的，并且在 App 被实际编码之前得到反馈。正如 UXPin（合作式设计平台）所说，“线框图是骨架。原型展示了行为。模型就是皮肤”。

Node.js

Node.js 是用于构建网页应用后端的 JavaScript 框架。

Open-source（开源）

开源，即开放源代码，是一种构建软件的理念——任何人都可以查看、复制和改进 App 背后的代码。就好像一家餐馆让你查看菜品背后的食谱并让你提出新的菜谱一样。许多流行的 App 和平台都是开源的，如 Linux、安卓操作系统、Firefox 和 WordPress。许多编程语言和软件开发工具也是开源的。

Persona（用户模型）

用户模型，也被称为用户画像，是设计师创建的人物实例，用于总结其市场中的用户类型。用户模型的内容包括名称、背景故事和个性。例如，领英的用户模型是 Sanjana（学生）、Ricky（招聘人员）或 Jackie（求职者）。

Prototype（原型）

原型是 App 或网站的早期版本，允许 App 开发商与用户一起测试他们的创意。原型可以像可点击的网站一样复杂，也可以像成堆的便利贴一样简单。

React

React 是脸书公司用于构建网页应用的网页开发框架。脸书、Instagram、Spotify、《纽约时报》、推特等网站都在使用 React。

Responsive web design（简称 RWD，响应式网页设计）

RWD 是一种页面设计技术，可以让网站在各种尺寸的屏幕上（如手机、平板电脑、笔记本电脑等）都能正常工作。例如，《纽约时报》可能在大屏幕（和报纸）上显示几列文本，但在小屏幕上只显示一列。

Ruby on Rails（简称 RoR 或 Rails）

RoR 是一种使用 Ruby 构建网页应用的框架。爱彼迎、Twitch 和 Square 都是用 RoR 构建的。

Scrum

Scrum 是敏捷方法的一个分支。开发团队每隔几周发布一个新特性，将他们的工作组织成“冲刺”。他们通常要举行每天 15 分钟的“站会”，这样团队中的每个人都知道其他人在做什么，也就是说，重要的信息会在整个团队中共享。

Server（服务器）

服务器是支撑网站和许多 App 的计算机。服务器往往没有屏幕、触摸板、麦克风或其他设备。大多数服务器甚至没有配备键盘，必须通过远程的方式进行编程！它们只用于提供计算能力和庞大的存储空间。

Stack（栈）

栈是 App 或网站所使用的一套技术。栈包括 App 对前端工具、后端工具和数据库的选择。作为一个类比，汽车的“栈”包括内饰、发动机、轮胎和前大灯等。

Terminal（终端）

终端是一个基于文本的界面，可在计算机上使用。开发人员可使用终端来构建软件。即使你不写代码，终端也可以方便地进行复杂的定制。而且一些 App 只能在终端上运行，而不能在我们习惯的点击式界面上运行。终端也被称为“命令行”、Shell（命令解析器）或 Bash（Linux 默认的 Shell）。

Unix

Unix 拥有一个庞大的操作系统家族，其成员包括 Linux 和 MacOS。

Wireframe（线框图）

线框图是绘制 App 或网站“骨架”的一种简单方法，就像你会在写文章之前拟一个大纲一样。线框图是由绘制在纸上的线条组成的：按钮和图片用方框来表示，侧边栏用矩形来表示，文本用弯弯曲曲的线条来表示，等等。线框图有助于开发人员在编写代码之前确定页面元素的位置。

常见缩略语汇总

缩略语可能是软件术语中最令人沮丧的部分。这里介绍几个最常见的。

AJAX

AJAX 是一个网站通过使用 API 来从另一个网站访问信息的方法。AJAX 要使用 JavaScript。

API（Application Programming Interface，应用程序编程接口）

API 是一个 App 从另一个 App 中获取信息，或者让另一个 App 做某些事的方法。例如，推特有一个 API，可以让另一个 App 代表某个用户发布推特文章；ESPN 有一个 API，可以让用户获取最新体育比赛的比分。

AWS（Amazon Web Services，亚马逊云服务）

AWS 是一个让你在亚马逊公司的“云”中存储数据或运行 App 的平台。

CDN（Content Delivery Network，内容分发网络）

通过使用独立的专用的 CDN 网站，你的网站可以更快地提供图像、CSS 文件和其他“静态”资源。这些专用的 CDN 网站是专门用来保存文件而不是运行代码的。它们在世界各地有许多服务器，因此任何人都可以比平常更快地获得文件。

CPU（Central Processing Unit，中央处理器）

CPU 是计算机或智能手机的“大脑”，可运行操作系统和 App。

FTP（File Transfer Protocol，文件传输协议）

FTP 是向网页服务器上传文件和从网页服务器下载文件的协议。所谓“协议”，它指的是一组关于信息如何传输的规则。

GPU（Graphics Processing Unit，图形处理单元）

GPU 是计算机中为绘制图形而优化的特殊部件。你可能听说过“硬件加速动画”这种技术，该技术就使用了 GPU。

HTTP（HyperText Transfer Protocol，超文本传输协议）

HTTP 是一种在互联网上浏览网页的协议。

HTTPS（HyperText Transfer Protocol Secure, 超文本传输安全协议）

HTTPS 是 HTTP 的加密版本，用于银行、支付、电子邮件和网站登录等有安全需求的线上通信。

IaaS（Infrastructure-as-a-Service，基础设施即服务）

IaaS 允许你租用其他公司的服务器空间来运行 App。例如，亚马逊公司提供的 AWS 就是一种 IaaS。

IDE（Integrated Development Environment，集成开发环境）

IDE 是一个专门的、使开发人员能很容易地构建特定类型的软件的 App。例如，Eclipse 是 Java 和安卓的 IDE。就像厨师有自己的专用厨房，里面有特殊的工具和配料一样。

I/O（Input/Output，输入 / 输出）

I/O 是读写文件的过程。它几乎成了科技的代名词，以至于许多初创公司都使用“.io”作为域名的后缀。

IP（Internet Protocol，互联网协议）

IP 是在互联网上把信息的“包”从一台计算机传输到另一台计算机的协议。它与 TCP 紧密合作。HTTP 建立在 TCP 和 IP 之上。

MVC（Model-View-Controller，模型—视图—控制器）

MVC 也被称为 MVC 框架，是一种组织代码的方法，通常建立在面向对象编程的基础上。许多网页或 App 开发框架都使用了 MVC。

MVP（Minimum Viable Product，最小可行产品）

在敏捷中，MVP 是用于早期测试的早期原型。例如，考虑一下在线鞋店 Zappos 的 MVP。创始人会在当地商店拍下鞋子的照片，并将其发布在网站上，每当有人“购买”鞋子时，创始人就会从商店购买，并将鞋子邮寄给他们。MVP 只是一个简单的、早期版本的 App，用于看看人们是否喜欢这个想法。

NLP（Natural Language Processing，自然语言处理）

NLP 是人工智能的一个子领域，用于理解人类语言。

NoSQL（Not Only SQL，非关系型的数据库）

NoSQL 是一种构建数据库的方法，是 SQL 的替代方案。NoSQL 强调与数据的自由交互，而不是像 SQL 那样只处理行和列。

OOP（Object Oriented Programming，面向对象编程）

OOP 是一种构造代码的方法，可使代码更容易被理解、重用和构建。你可以将所有内容表示为对象，从“Button”“Picture”之类的界面元素到“Customer”或“Dog”之类的概念。例如，Snapchat 这款 App 的界面上有“User”“Snap”“Group”“Sticker”“Story”或“CameraButton”等对象。每个对象都有自己的相关信息和动作。例如，“Dog”（对象）可以知道它的名字并知道如何吠叫。

PaaS（Platform-as-a-Service，平台即服务）

PaaS 是为你运行 App 的工具；你只需要把你的代码发给它们。其复杂性介于 IaaS 和 SaaS 之间。

RAM（Random-Access Memory，随机存取存储器）

RAM 也被称为内存，是计算机的“短期”存储器，App 使用它来存储临时信息。例如，你打开了浏览器的某个标签就会占用一部分 RAM 空间。一般来说，设备的 RAM 越大，其运行速度也就越快。

REST（Representational State Transfer，表述性状态转移）

REST 是一种流行的 API 类型。这种类型的 API 被称为 RESTful。

ROM（Read-Only Memory，只读存储器）

ROM 是一种只能读取信息的存储器，存储在该硬件上的信息通常不能被更改。计算机将启动计算机所需的代码存储在 ROM 中。ROM 也被称为固件。

SaaS（Software-as-a-Service，软件即服务）

SaaS 是一种通过互联网交付软件的模式，这意味着你经常会在浏览器中使用它。谷歌文档就是一个典型的实例。你通常需要按月或按年支付 SaaS App 的费用，而不是预先支付下载 App 的费用。

SDK（Software Development Kit，软件开发工具包）

SDK 是一组帮助开发人员为特定的平台（如安卓操作系统或谷歌地图）

构建 App 的工具。

SEO（Search Engine Optimization，搜索引擎优化）

SEO 是一种利用搜索引擎的规则来提高网站的搜索排名的技术。利用 SEO 可提高网站在谷歌搜索结果中的排名。例如，在页面的标题中包含正确的关键字是 SEO 的一种方式。

SHA（Secure Hash Algorithm，安全散列算法 / 安全哈希算法）

SHA 是一种常用的加密算法，用于对安全通信进行编码和解码。SHA 有多种版本；在撰写本书时，最新的是 SHA-3。

TCP（Transmission Control Protocol，传输控制协议）

TCP 是一种用于将信息分成更小的数据块，以便更容易地通过互联网发送信息的协议。

TLD（Top Level Domain，顶级域名）

TLD 的尾段包括“.com”“.org”或“.gov”。每个国家都有自己的 TLD，被称为“ccTLD”(国家 / 地区代码顶级域名):法国使用“.fr”,墨西哥使用“.mx”,印度使用“.in”，等等。

TLS（Transport Layer Security，安全传输层协议）

TLS 是一种对通过互联网发送的信息进行加密的方法，这样黑客就不能窥探通信内容。它用于 HTTPS。

UI（User Interface，用户界面）

UI 是一种专注于让 App 和网站看起来美观的设计。它要处理颜色、字体、布局等。它经常与 UX 成对出现。

URL（Uniform Resource Locator，统一资源定位符）

URL 是一个网页的地址，例如，“https://maps.google.com”或“https://en.wikipedia.org/wiki/Llama”。

UX（User Experience，用户体验）

UX 是一种专注于使 App 和网站易于使用的设计。它处理如何安排网站和网页的各个组成部分。它通常与 UI 成对出现。

商业领域

软件开发人员要与大量的术语打交道，为了不“输”给软件开发人员，科技公司的商务人士，如营销人员和战略家，也有很多他们自己最喜欢的行话。

B2B（Business-to-Business）

B2B 公司的销售对象通常是其他企业，而不是像你我这样的普通消费者。一些著名的 B2B 技术公司包括向企业销售云计算服务的 IBM 公司和向企业提供技术咨询的 Accenture 公司。

B2C（Business-to-Consumer）

B2C 公司的销售对象是消费者。换句话说，你可以从商店或网站上购买这类公司的产品。例如，Fitbit、耐克公司和福特汽车公司都是 B2C 公司。有些公司的模式既是 B2B 也是 B2C。例如，可口可乐公司不仅向消费者销售饮料，也向大学、酒店和餐馆销售饮料。微软公司同时向消费者和大型企业销售 Office。

Bounce rate（跳出率）

在打开你的 App 或访问你的网站时，访客没有做任何有意义的事情（如单击链接）的频率，就是一种跳出率。较高的跳出率可能意味着访客对网站所提供的内容不感兴趣。

Call-to-Action（简称 CTA）

CTA 指的是行为召唤，它通过按钮或链接来提示访客采取一些行动，如“加入我们的邮件列表”或“注册我们的会议”。

Churn rate（流失率）

流失率是公司在特定时间段内流失的用户百分比。例如，如果 1 000 人订阅了 Office 365，但只有 750 人在第二年续订，那么流失率将达到 25%。

Cost-Per-Click（简称 CPC，点击成本）

点击成本是一种常见的网络广告计价方式。例如在谷歌上看到的那些广告，每当有人点击广告时，谷歌公司都会向广告主收取一小笔费用。点击成本被称为点击付费。

Cost-Per-Mille（简称 CPM，每千人成本）

每千人成本也是一种网络广告计价方式。每当有 1 000 人在网站上看到广告（如在谷歌搜索的结果中插入广告）时，广告主都要支付一笔固定的费用。每千人成本也被称为按印象付费。

Click-through rate（简称 CTR，点击通过率）

点击通过率是指点击广告的人数除以看到广告并可以点击广告的人数。换句话说，点击通过率表示的是普通人点击广告的可能性。这是一种衡量广告成功率的方法。

Conversion（转化）

每当用户完成了业务所需要的行为，即发生了转化。具体的业务所需要的行为取决于广告投放公司的目标。转化可能包括加入邮件列表、注册账户或购买商品。

CRM（Customer Relationship Management，客户关系管理）

CRM 是公司用来跟踪其与客户和业务伙伴关系的软件。公司可以使用 CRM 软件跟踪电子邮件、会议记录和其他数据。

Funnel（漏斗）

漏斗是一个比喻，指的是潜在客户池在进行特定的“转化”（如购买产品）之前是如何收缩的。例如，假设一个电子商务网站有 1 000 名访问者，但是只有 500 人搜索某种商品，100 人将它放入购物车，50 人购买了它。

KPI（Key Performance Indicator，关键绩效指标）

KPI 是公司用来跟踪产品、团队或员工成功的指标。例如，YouTube 的 KPI 包括用户数量、视频数量或视频观看数量等。

Landing page（着陆页）

着陆页也被称为引导页，是一个针对特定人群的小网页，通常会为访客提供一些有用的东西，如电子书或邮件列表，以交换他们的联系信息。用市场营销的话说，这是获取“线索”的一种有针对性的方式。

Lead（线索）

线索是对使用服务或购买产品表现出兴趣的人。营销人员试图把陌生人变成线索，把线索变成客户，这个过程被称为“集客营销”（Inbound Marketing）。

Lifetime value（简称 LTV，生命周期总价值）

LTV 也被称为客户终身价值，指的是在客户关系存在的期间，客户能直接或间接地给公司带来多少钱。例如，如果大学书店认为一个学生在其 4 年的学习中每年将花费 500 美元购买课本,那么每个学生的 LVT 将是 2 000 美元。一般来说，只有当客户的 LVT 高于将其转变为客户的成本（被称为 CAC，即客户获取成本）时，公司才会试图获得该客户。

Market penetration（市场渗透）

市场渗透是指，一个产品或行业实际达到的目标市场份额。例如，美国大约有 3 000 万名青少年，如果一个以青少年为中心的社交网络有 600 万名青少年用户，那么该社交网络的青少年市场渗透率为 20%。

Market segmentation（市场细分）

市场细分是指，把一个巨大的、多样化的市场拆分成更小的、更具体的市场。例如，公司可以根据性别、地域、兴趣和收入来细分市场。

Net Promoter Score（简称 NPS，客户满意度调查）

NPS 是衡量客户满意度的指标。客户被要求从 0（讨厌它）到 10（喜欢它）给产品或服务打分。

Return on Investment（简称 ROI，投资回报率）

ROI 是项目的利润与成本之比。例如，如果你在一个广告宣传上花费了 2 000 美元，并且因此销售了 2 600 美元，那么你获得的 ROI 是 30%。ROI 只是衡量“物有所值”的一种方法。

Small- and medium-sized businesses（简称 SMBs，中小企业）

一般来说，将员工人数不足 1 000 人的企业称为 SMBs。

Value proposition（价值主张）

价值主张是一个简短的陈述，解释了消费者为什么会觉得产品有用。例如，电子书网站 Scribd 在 2015 年使用了“你如同拥有了世界上的每一本书”的价值主张。

Year-over-year（简称 YoY，同比）

同比是指，给定时间点与一年前同期的指标变化。当指标存在季节性变化时，此方法非常有用。例如，如果教育软件的销售在夏季总是很低，那么将今年 6 月的销售额与今年 3 月的销售额进行比较是没有意义的。相反，你可以将今年 6 月的销售额与去年 6 月的销售额进行比较。

科技公司的职位

科技公司也雇佣“普通”的专业人士，如营销人员、CEO 和人力资源代表。但软件与大多数实物产品的制作方式不同，因此科技公司有着一些特殊的角色。下面我们简要介绍一下软件行业中的这些角色。

Backend engineer（后端工程师）

后端工程师是处理数据库和网页服务器的软件工程师。例如，脸书的后台工程师负责编写代码，让脸书的超级计算机得以存储数十亿张照片，并且处理数十亿的日常访客。

Data scientist（数据科学家）

数据科学家分析公司的数据（有关客户、销售、使用情况等），为公司的商业战略和产品提供信息。

Designer（设计师）

设计师负责把 App 和网站设计得美观、实用，还设计 Logo、配色和商标等。有很多种类的设计师：用户界面设计师、用户体验设计师、视觉设计师、动态设计师，等等。

Frontend engineer（前端工程师）

前端工程师是构建面向客户的网站和 App 的软件工程师。例如，脸书的前端工程师使脸书网站和 App 看起来很吸引人，并且运行良好。

Product Manager（产品经理）

产品经理位于业务、设计和工程师的交汇点。根据客户和业务需求，产品经理决定要生产什么产品（App、网站或硬件），以及产品需要具备哪些功能，然后与工程师一起构建和发布产品。可以把产品经理想象成管弦乐队的指挥：他们帮助乐队中所有不同的部分一起工作，演奏出华美的乐章（产品经理交付的则是软件）。

Product Marketing Manager（产品市场经理）

相对于产品经理，产品市场经理更专注于发布和营销产品，而不是构建产品。

Quality Assurance engineers（质量保证工程师）

质量保证工程师严格测试软件和硬件，以找出缺陷（俗称 bug）并确保软件的鲁棒性（用来表征控制系统对特性或参数扰动的不敏感性）。

Software engineer（软件工程师）

软件工程师就是编写代码和开发软件的人。软件工程师也被称为 SWE、软件开发人员或 DEV。

结论

尽管你已经阅读了《滑动解锁》的主要内容，但科技发展永无尽头，学习提高永无止境。对于技术或其他任何事物，你应该永远保持好奇心并永不停止学习。

我们认为，我们提供的案例研究和分析将使你更深入地了解技术背后的内容和逻辑。我们希望你能更好地准备以发布优秀的 App，制定公司的商业战略，或者理解重大的科技新闻故事。

在结束本次科技之旅前，我们还有最后几件事与你分享。

参考资料

现在，你已经阅读了本书的主要内容，我们希望《滑动解锁》能为你的提高提供有用的参考。

为便于读者了解本书所涉及的科技名词，我们在第 12 章之后加入了一个术语表。在术语表中，我们定义了几十个有关技术和商业的术语，包括一些我们在本书中没有来得及具体介绍的术语。例如，流行的编程语言、商业领域中的缩略语和科技公司的职位类型。

保持联系

如果想了解我们对科技行业的预测，对当前科技事件的分析，以及进入科技行业的建议，请在领英上关注我们！

我们的领英账号分别是：

linkedin.com/in/parthdetroja

linkedin.com/in/adityaagashe

linkedin.com/in/neelmehta18

如果你在领英上分享一张你拍的《滑动解锁》照片，并且 @ 我们三个人（帕斯·底特律、阿迪蒂亚·阿加什和尼尔·梅塔），我们都会和你联系，会对你的帖子点赞、评论或分享，以帮助你获得更多的浏览量和追随者。

再次感谢你阅读本书

我们希望你喜爱《滑动解锁》，我们相信，你在本书中学到的东西对你的生活和工作都是有益的。撰写本书给我们带来了很多乐趣，我们确信，阅读本书不但能让你学到知识，还能让你感到快乐，所以我们很高兴你能加入我们一同体验这新奇的科技之旅。如果你发现《滑动解锁》对你很有帮助，我们希望你能为本书撰写评论并将本书推荐给你的朋友。

感谢你的阅读，祝你一切顺利！

——帕斯、阿迪蒂亚、尼尔